Bases de los computadores

De la máquina de Turing a la síntesis lógica

1ª edición, septiembre 2026

Diseño de cubierta: Rafael Rico
Este libro ha sido maquetado con LaTeX
Depósito legal: M-22516-2026
ISBN: 978-84-09-90913-1

Bases de los computadores

De la máquina de Turing a la síntesis lógica

Rafael Rico

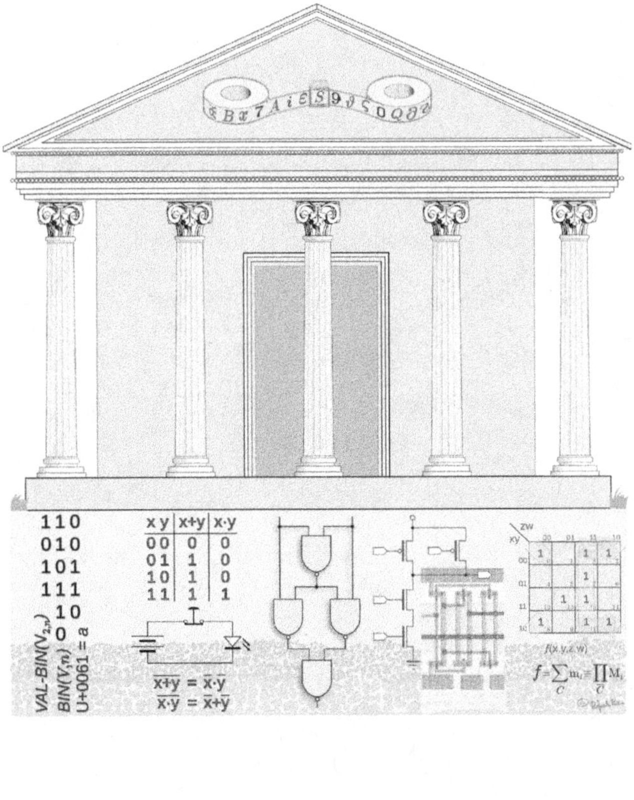

Edición MNRG

“La certidumbre de que por fin peleaba por su
propia liberación, y no por ideales abstractos,
por consignas que los políticos podían voltear al
derecho y al revés según las circunstancias,
le infundió un entusiasmo enardecido.”

Cien años de soledad, Gabriel García Márquez

Índice

1 Concepto de computador

1.1 Definición

El computador es una máquina destinada a procesar información, es decir, un ingenio compuesto de una variedad de partes ordenadas a un fin preciso: manipular datos con formato. Según el Diccionario de la Lengua Española, el computador es el que computa o calcula, enfocando la definición en un tipo de procesamiento de la información más próximo al cálculo matemático. No obstante, somos conscientes de que el procesamiento de la información no se restringe a la resolución de problemas aritméticos sino que va más allá, alcanzando aspectos tales como la codificación, ordenación, búsqueda, compilación u organización de representaciones numéricas, textuales, gráficas, sonoras, etc... Quizá por ello se use como sinónimo la palabra *ordenador* que es el término utilizado en francés. En conclusión, la idea de procesamiento de información debe ser tomada en sentido amplio englobando cualquier tratamiento, manipulación o transformación de la información.

Parece claro, entonces, que existe una diferencia neta entre una *calculadora* y un computador. Mientras la primera resuelve operaciones aritméticas siguiendo un tronco único, el segundo transciende dicha facultad siendo capaz de tomar decisiones que lo hacen avanzar por unas ramas descartando otras. Es decir, entre las operaciones de un computador se debe encontrar necesariamente la evaluación de condiciones que determinen un procesamiento específico en función de su cumplimiento.

La definición propuesta no presupone tecnología alguna. A lo largo de la historia[1] se han desarrollado máquinas mecánicas, electromecánicas, electrónicas analógicas y, hoy en día, digitales. De cara al futuro, se trabaja en los computadores cuánticos, y se investigan las operaciones basadas en ADN. Sin embargo, los principios de las ciencias de la computación no dependen de la tecnología, sólo cambia la rama de la física que sustenta el modo de operar.

Llegados a este punto, parece oportuno recordar que, para que la información se pueda procesar, tiene que cumplir con ciertos requisitos de formato que la hagan apta para tal fin, es decir, debe cumplir unas reglas de codificación de los datos, también conocidas como sistemas de representación de la información. Dada su trascendencia, a este tema le dedicaremos el siguiente capítulo de este texto.

[1] Para examinar una historia de la computación más detallada, se puede consultar el libro *Apuntes de arquitectura de computadores. Principios, implementación y rendimiento.* Rafael Rico, 2021.

1.2 La electrónica digital

En el núcleo de la electrónica digital se encuentra el transistor de estado sólido[2], un dispositivo semiconductor capaz de actuar como "llave de paso". El transistor bipolar o BJT, que presentaremos a continuación (cf. 1.2.1) y vemos en el símil de la figura, actúa como una fuente de tensión gobernada por corriente. Esto significa que la forma de una pequeña corriente aplicada en su base (i_b) se copia en la corriente de salida de manera amplificada ($i_c = \beta \cdot i_b$), siendo β la ganancia. Si ahora se coloca una resistencia de carga (R_L) a la salida del dispositivo, la tensión de salida será: $v_{ce} \approx i_c \cdot R_L$.

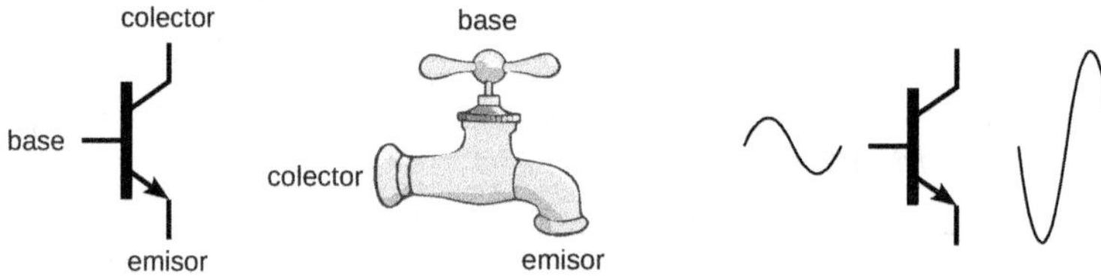

Figura 1.1 Símil del transistor y funcionamiento como amplificador.

El nombre "transistor" proviene del acrónimo *transfer resistor* o resistencia de transferencia, que viene a ser la relación entre la tensión de salida y la corriente de entrada: v_{ce}/i_b.

El BJT nació en 1947 en los Laboratorios Bell gracias al trabajo de los físicos John Bardeen, Walter Brattain y William Shockley, lo que les valió el Premio Nobel de Física de 1956. No obstante, Julius Edgar Lilienfeld había descubierto en 1925 el efecto campo, esencial en el transistor MOSFET (cf. 1.2.2), y otros investigadores europeos alcanzaron de manera independiente desarrollos similares en uniones bipolares alrededor de 1948.

El hecho de que una pequeña corriente de entrada proporcione el control de la tensión de salida, permitió reemplazar los voluminosos triodos[3] por estos dispositivos de estado sólido, mucho más pequeños, fiables y económicos, convirtiéndose, así, en el mecanismo fundamental de toda la electrónica analógica.

Sin embargo, el transistor también puede operar como conmutador, ya que si por su terminal de control no pasa corriente, tampoco lo hace entre los terminales de salida (circuito abierto); y viceversa, si fluye corriente, se cierra el circuito de salida. En definitiva, este modo de trabajo conmuta entre dos estados conocidos como *corte* y *saturación*. La figura siguiente ilustra lo descrito, tomando como símil un interruptor gobernado por una señal de control.

Podemos observar que el esquema cuenta solamente con dos posibles estados (H y L, o V y F, o 1 y 0), lo cual nos ofrece de manera natural un modo de operación basado en la lógica preposicional así como un sistema de numeración binario nativo.

El vertiginoso desarrollo de la electrónica digital se asocia a la extrema miniaturización de los circuitos integrados[4], que se hace posible gracias a la microelectrónica VLSI (*Very Large-Scale Integration*), esto es, un conjunto de procesos de fabricación de circuitos microscópicos entre los que se encuentra la fotolitografía (cf. 5.6.1).

---

[2] En electrónica, entendemos por estado sólido el conjunto de circuitos y componentes que controlan la electricidad usando materiales sólidos sin partes móviles ni tubos de gas o vacío.

[3] Válvula electrónica de amplificación que consta de tres electrodos dispuestos en el interior de una ampolla de vidrio en la que se ha practicado el vacío.

[4] Un circuito integrado o chip es una estructura microscópica de material semiconductor que contiene millones de componentes electrónicos interconectados.

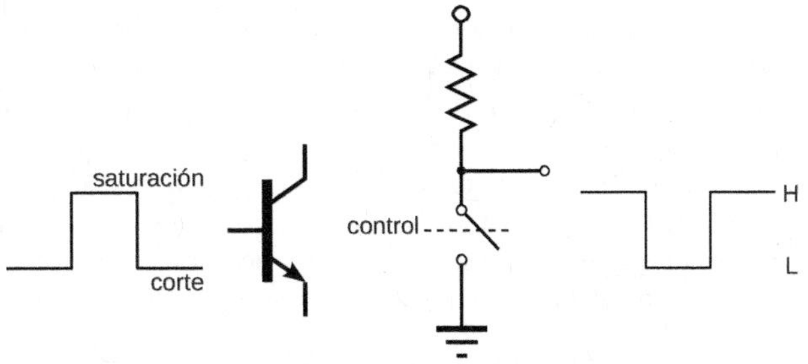

Figura 1.2 Transistor como conmutador.

A continuación, describiremos brevemente los dos tipos básicos de transistores que hemos mencionado: el bipolar y el de efecto campo.

1.2.1 Transistor BJT

El transistor bipolar o BJT (*Bipolar Junction Transistor*) es un dispositivo de estado sólido compuesto por dos uniones PN sobre un cristal semiconductor que forman tres regiones: emisor (E), base (B) y colector (C). Normalmente el emisor está fuertemente dopado y el colector ligeramente dopado.

Su característica más ventajosa es la alta velocidad de conmutación, pero, por contra, posee una limitada capacidad de integración, ya que es difícil disminuir el área de silicio[5] que consume.

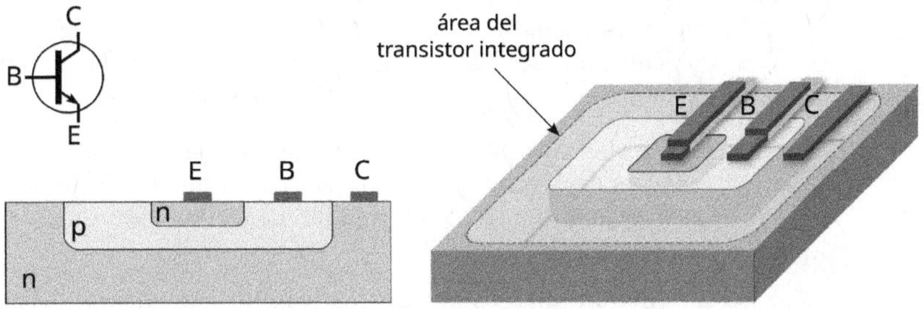

Figura 1.3 Símbolo, corte y área del transistor BJT integrado.

La figura 1.3 muestra un corte de la oblea en el que se aprecian las tres regiones del transistor con sus diferentes dopajes. La vista superior explica cómo se ordena el área de semiconductor dando cabida a los tres pocitos concéntricos que configuran las uniones PN. El tamaño de los pocitos no se pueden reducir tanto que dé lugar a una tensión de ruptura demasiado pequeña y esta es la causa que en último término estorba una miniaturización más agresiva.

1.2.2 Transistor MOSFET

El transistor de efecto campo o MOSFET (*Metal-Oxide-Semiconductor Field-Effect Transistor*) es un dispositivo de estado sólido, constituido por un condensador,

---

[5] Mencionamos silicio en particular porque es el material semiconductor más utilizado para la producción de circuitos integrados, pero entiéndase cualquier semiconductor en general.

formado por una capa de metal y otra de óxido, que reposa sobre dos electrodos altamente dopados separados por un pequeño canal. Consta de cuatro regiones: fuente (S), drenador (D), puerta (G) y sustrato (B). El sustrato suele estar unido a la fuente.

Tal y como vemos en la figura 1.4, el área de silicio que ocupa está relacionada con la anchura de los electrodos (W) y la del canal (L). Más concretamente, cuanto menor es el canal, menor es el área del transistor. Afortunadamente, el canal se puede hacer tan pequeño como permita la tecnología de fabricación (cf. 5.6.1) y eso favorece una muy alta capacidad de integración y bajo consumo.

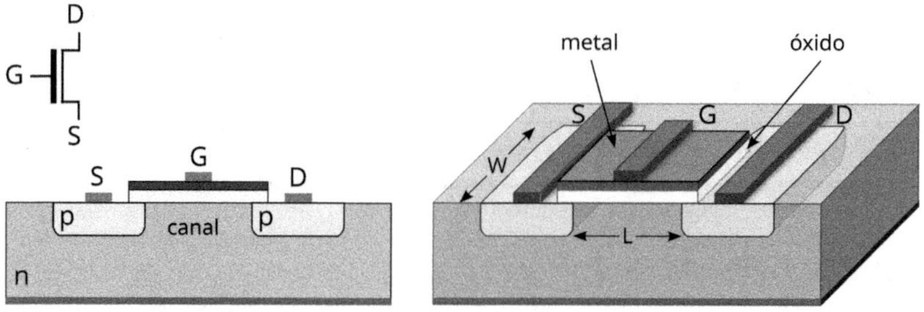

Figura 1.4 Símbolo, corte y área del transistor MOSFET integrado.

1.3 El computador como autómata

Un autómata es una máquina de cálculo abstracta que salta de un estado a otro guiada por unas entradas de control y unas pautas preestablecidas. La teoría de autómatas es la rama de las ciencias de la computación que estudia estas máquinas y los problemas que son capaces de resolver. Dentro de los autómatas hay diferentes clases que enumeramos seguidamente en orden creciente de complejidad:

- Autómata finito: se modela matemáticamente como una *máquina de estados finita*, es decir, una red compuesta de un número finito de estados, cuyas transiciones están regladas por una función y son ejecutadas según el símbolo leído en cada paso de control[6].
- Autómata a pila: es un autómata finito que además cuenta con una memoria auxiliar ordenada como pila en la que puede leer y escribir; las transiciones entre estados dependen de los símbolos de entrada y de los símbolos que eventualmente se extraigan de la pila[7].
- Máquina de Turing: es un autómata finito con una memoria auxiliar ilimitada, en la que puede leer y escribir los símbolos de un determinado conjunto; es un modelo teórico que representa a las máquinas computacionales más potentes y que estudiaremos en detalle en la próxima sección.

Obsérvese que existe una íntima relación entre el funcionamiento del autómata y los símbolos que lee, de manera que ese conjunto de símbolos y cómo se interpretan da lugar a un *lenguaje formal*. Es por ello que la teoría de autómatas está estrechamente

---

[6] La función de transición se puede representar como un diagrama de estados o como una tabla de transiciones. Aunque excede el propósito de este libro, diremos que un autómata finito es *determinista* si no puede encontrarse en más de un estado al mismo tiempo y *no determinista* si es capaz de estar en varios estados a la vez.

[7] El autómata a pila es un autómata finito no determinista. La pila es de tipo LIFO (*Last In First Out* o último en entrar, primero en salir)

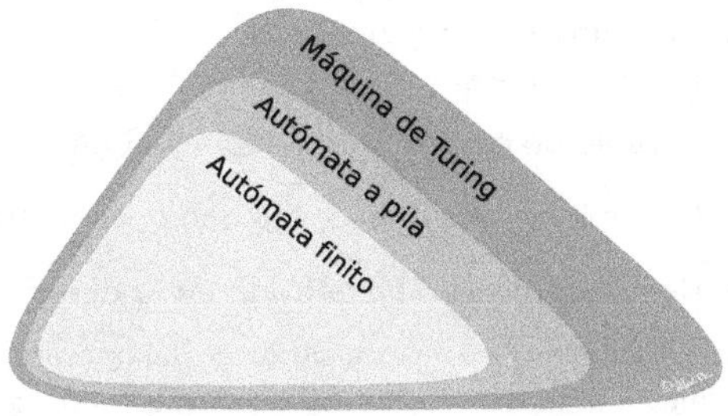

Figura 1.5 Clases de autómatas.

relacionada con la teoría de lenguajes formales, pues tal como sea el lenguaje formal así será el autómata que lo reconoce.

Asímismo, el estudio teórico de los autómatas permite valorar la dificultad inherente a cada problema computacional y clasificar su complejidad. En definitiva, entendemos que la teoría de autómatas también está relacionada con la teoría de la complejidad computacional.

1.3.1 Máquina de Turing

El objetivo de Alan Turing era fijar de forma precisa los límites de lo que una máquina de cálculo puede hacer y no puede hacer, puesto que existen problemas que no se pueden resolver con un computador. Son los problemas *indecidibles*.

Estudiar la *indecidibilidad* de los problemas proporciona una información práctica muy útil, ya que facilita una previsión sobre los recursos necesarios y orienta al programador acerca de la dificultad a la que se enfrenta. Y es aquí donde la noción de *máquina de Turing* se convierte en una herramienta formal excelente.

Conceptualmente, una máquina de Turing es un autómata finito con una cinta ilimitada que se puede desplazar a derecha e izquierda y en la que se pueden leer y escribir símbolos.

Figura 1.6 Representación artística de la máquina de Turing.

La cinta está dividida en cuadrados[8], cada uno de los cuales es capaz de alojar un único símbolo. Inicialmente, se rellena la cinta con una ristra de símbolos (x_i) de longitud finita, pero tan grande como sea necesario. Todos los cuadrados no usados de la cinta se rellenan con un símbolo especial conocido como *vacío* (v). En el estado inicial (q_0) la cabeza de control explora el cuadrado correspondiente a uno de los extremos de la ristra de entrada (x_0). A partir de ahí, se desarrolla el procesamiento de la máquina, de acuerdo con la función de transición δ, encadenando una sucesión de movimientos que expresamos formalmente así:

$$\delta(q, r) \rightarrow (p, w, d)$$

Donde q es el estado actual, p el estado siguiente, r el símbolo leído, w el símbolo escrito y d la dirección de avance.

[8] Seguiremos la terminología usada por Turing: "*...an infinite tape marked out into squares*".

Como vemos, cada movimiento o *paso de control* de una máquina de Turing supone las siguientes acciones:

1. Cambio de estado, aunque opcionalmente el nuevo puede ser el actual.
2. Reemplazo de símbolo, aunque opcionalmente el nuevo puede ser el actual.
3. Desplazamiento al cuadrado de la derecha o de la izquierda.

Cada estado q_i es responsable de la operación que se realiza en ese movimiento por lo que se puede interpretar como una *instrucción* de un computador. Los símbolos pertenecen a un conjunto $\mathcal{S}$ conocido como *alfabeto*. Un posible alfabeto es el binario, esto es, $\mathcal{S} = \{0, 1\}$. Aunque la cinta es ilimitada, en cada movimiento la cantidad de símbolos diferentes de v es finita.

La máquina puede pararse porque haya finalizado su tarea o porque alcance un estado en el que entre un símbolo no esperado. En el primer caso, se habla de final con *aceptación*, en el segundo con *no aceptación*. También podría darse el caso de que la máquina no pare nunca, lo cual indica que el problema es indecidible, pero de eso hablaremos más adelante.

Ejemplo 1.1 Definamos una máquina de Turing que sume uno a cualquier número binario, es decir, un operador incrementador unidad. Diseñaremos la función de transición δ y mostraremos la secuencia de movimientos cuando cargamos en la cinta el número binario 11011. Suponemos que la cabeza de control comienza explorando el símbolo (bit) de menor peso.

Solución Cuando incrementamos la unidad en un número binario, todos los bits desde el menor peso se complementan hasta el primer bit a 0, a partir del cual todo queda igual.

Así, en el estado inicial, q_0, la máquina escribe el complemento del símbolo entrante y mueve la cabeza a la izquierda (i). Si el símbolo entrante es 1, no cambia de estado, pero si es 0, cambia al estado q_1, que escribe el mismo símbolo entrante y mueve la cabeza a la izquierda (i), excepto si el símbolo leído es v, en cuyo caso la máquina se para y finaliza con aceptación. Pudiera darse el caso de que la cinta sólo contuviera una secuencia de 1, de modo que, al alcanzar el final del dato con la lectura del símbolo v, fuera necesario escribir un acarreo 1 en dicho cuadro antes de pasar al final con aceptación. Es decir, el dato terminaría siendo un bit más largo.

En definitiva, podemos establecer la función de transición δ para este problema en forma tabular tal y como vemos a continuación:

estado	símbolo de entrada 0	1	v
q_0	$(q_1, 1, i)$	$(q_0, 0, i)$	$(h, 1, i)$
q_1	$(q_1, 0, i)$	$(q_1, 1, i)$	(h, v, i)
h	final con aceptación		

Cargamos en la cinta el número 11011 y arrancamos la máquina dando lugar a la secuencia de movimientos que mostramos a continuación:

v v v v 1 1 0 1 [1] v v v v v v v v
q_0

v v v v v 1 1 0 [1] 0 v v v v v v v
q_0

v v v v v v 1 1 [0] 0 0 v v v v v v
q_0

```
v v v v v v v 1 [1] 1 0 0 v v v v v
                q1
v v v v v v v v [1] 1 1 0 0 v v v v
                q1
v v v v v v v v [v] 1 1 1 0 0 v v v
                q1
v v v v v v v v [v] v 1 1 1 0 0 v v
                h
```

Como vemos, la máquina de Turing propuesta funciona correctamente: se ha detenido en el estado final con aceptación (h) y la cinta contiene el binario del número original incrementado en la unidad, esto es, 11100.

Máquina de Turing universal

Ya hemos dicho que en cada paso de control o movimiento se procesa un símbolo de acuerdo a un estado q_i, de tal manera que dicho estado se puede entender como una instrucción de un computador. En consecuencia, la función de transición δ se puede ver como un programa o como un algoritmo.

Pues bien, toda función de transición δ se puede codificar en un determinado alfabeto y, junto con una entrada que le sea apropiada, puede ser simulada en una máquina de Turing arbitraria reproduciendo su comportamiento. Esto significa que una máquina de Turing puede operar como otra máquina de Turing.

La *máquina de Turing universal* es una máquina de Turing que puede realizar el trabajo de cualquier máquina de Turing. Volviendo a los computadores modernos, una máquina de Turing concreta sería un computador que solamente procesa un programa fijo mientras que una máquina de Turing universal sería un computador de propósito general que puede ejecutar cualquier programa que se cargue en su memoria.

La organización conocida como arquitectura de von Neumann (cf. 1.5.2) viene a materializar el concepto teórico de máquina de Turing universal, almacenando en memoria los datos a procesar (la cinta) junto con las instrucciones que los transforman (la función de transición δ).

No obstante, siendo estrictos, ninguna máquina real tiene una memoria ilimitada ni una probabilidad nula de fallo. Para soslayar este impedimento, definimos como *Turing completo* aquel sistema que tiene un poder computacional equivalente a la máquina de Turing universal, aunque tenga una memoria limitada y sea susceptible de fallar.

1.3.2 El problema de la parada

Hemos visto que las máquinas de Turing pueden tener dos estados de detención: aceptación y rechazo o no aceptación. La nomenclatura está relacionada con la teoría de lenguajes formales. Bajo este enfoque, la máquina de Turing es un reconocedor de lenguaje y tan importante es aceptar una cadena como perteneciente a un lenguaje como rechazarla. En ambos casos el lenguaje se califica como *decidible*. Ahora bien, en este mismo contexto, podríamos encontrar una máquina para la que una determinada cadena de entrada no indujera detención en un número finito de pasos de control. Esa cadena pertenecería a lo que denominamos lenguaje indecidible.

En 1936, Alan Turing propone el *problema de la parada* (*halting problem*) que consiste en determinar si una máquina de Turing específica terminará en un número finito de pasos o no. El propio Turing demostró que este problema es indecidible.

Si nos movemos a un enfoque más computacional, los lenguajes decidibles vienen a ser equivalentes a procedimientos que entregan una solución. Dicho de otra manera, si una máquina de Turing se detiene, es que representa un algoritmo que resuelve un problema computacional. Y, al contrario, un problema indecidible es aquel que no cuenta con un algoritmo que proporcione una solución[9].

La idea expresada en el párrafo anterior es lo que se conoce como tesis de Church-Turing[10], es decir, la hipotética equivalencia entre el concepto de algoritmo y máquina de Turing. Y decimos que es hipotética porque, aunque es universalmente admitida, aún no ha sido formalmente demostrada.

Así pues, dado un problema, podemos asegurar formalmente que existe un algoritmo que lo solucione si encontramos una máquina de Turing que implemente dicho algoritmo y se detenga después de un número finito de pasos. Dicho problema será un problema computacional, es decir, susceptible de ser resuelto en un computador.

Si no se cumple la tesis de Church-Turing, estamos ante un problema indecidible, que no es que no tenga solución, sino que esa solución no se puede encontrar mediante un algoritmo[11], no es una solución computacional. Se ha demostrado que existen infinidad de problemas indecidibles en campos tales como la lógica, el cálculo matricial, la combinatoria o incluso en la física cuántica[12].

1.4 Problemas computacionales

Nos centraremos ahora en los problemas computacionales, es decir, aquellos que cuentan con una máquina de Turing, algoritmo o función computable para resolverlos. Todavía nos movemos en el plano abstracto, lejos de cualquier tecnología concreta con la que tratar esos problemas.

En esencia, un problema computacional no es más que una relación entre un conjunto de entrada y un conjunto de salida que llamamos *solución*. Formalmente, $P(x_1, x_2, \dots) \rightarrow (y_1, y_2, \dots)$, en el que $(x_1, x_2, \dots)$ es una instancia de entre todos los posibles conjuntos de entrada, P es el predicado o aquello que se afirma de la entrada, e $(y_1, y_2, \dots)$ es el conjunto solución. En este contexto, un algoritmo que resuelve P es sencillamente una receta o secuencia de tareas que conduce a la solución mediante sucesivas transformaciones de la información. No es extraño que puedan existir diferentes algoritmos para un único problema computacional, cada uno de ellos con sus ventajas e inconvenientes.

1.4.1 Tipos de problemas

Podemos enumerar los siguientes tipos de problemas computacionales:

- Decisión: la solución es un "sí" o un "no"; p. ej., determinar si a es primo.
- Búsqueda: la solución debe cumplir un predicado lógico; p. ej., la factorización de un entero a.
- Recuento: la solución es el número de soluciones que cumplen el predicado lógico; p. ej., determinar el número de factores primos de a sin repetición.
- Optimización: la solución debe ser la mejor de entre todas las posibles; p. ej., el problema del viajante[13].

---

9 Aunque pueda parecer sorprendente, no existe una definición formal de algoritmo que haya sido admitida universalmente.

10 Alonzo Church (1903 – 1995) fue un matemático estadounidense que se dedicó a la computación desde un punto de vista teórico.

11 Podría encontrase una solución mediante técnicas heurísticas, es decir, basadas en métodos informales tales como el tanteo, la experiencia, etc.

12 Determinar la existencia del denominado *gap espectral* es un problema indecidible. En consecuencia, la predicción computacional del comportamiento macroscópico de los materiales a partir de la descripción microscópica queda en entredicho. (Toby S. Cubitt, David Perez-Garcia, Michael M. Wolf, *Undecidability of the spectral gap*, Nature 528, 207–211, 2015).

13 El problema del viajante o TSP (*Travelling Salesman Problem*) es un atractivo y bien conocido

Los problemas de búsqueda se pueden expresar como problemas de decisión asumiendo un razonable incremento de dificultad. En cuanto a los problemas de optimización, salta a la vista que son problemas de búsqueda a los que se les aplica un segundo predicado para determinar la calidad de la solución.

1.4.2 Complejidad

La teoría de la complejidad computacional es una rama de las ciencias de la computación cuyo objeto es clasificar los problemas computacionales de acuerdo con su dificultad inherente. El análisis se realiza cuantificando los recursos requeridos para obtener la solución a un problema y cómo escalan con algún parámetro. Comúnmente, esos recursos abstractos son el tiempo, medido como la cantidad de pasos de control empleados en alcanzar el final del algoritmo, y el espacio, medido como la cantidad de memoria utilizada.

No obstante, al implementar un algoritmo en una determinada realización práctica, la naturaleza de dichos recursos se vuelve más heterogénea y depende del punto de vista desde el que abordemos el estudio. Así, podemos hablar de cantidad de operaciones que, en el fondo, es hablar de pasos de control o directamente contar ciclos de reloj o tiempo físico. También podemos contar la cantidad de celdas de memoria para referirnos al espacio o cuantificar el área de semiconductor determinando la superficie bruta utilizada o, en una aproximación más simple, el número de elementos activos involucrados en los cálculos. Incluso, podemos estar interesados en el consumo, es decir, en la cantidad de energía suministrada para llevar a cabo la computación.

Como vemos, la esencia de los recursos sí que hace referencia a la tecnología con la que se concreta la construcción de la máquina computadora. En muchas ocasiones, la complejidad respecto a un tipo de recurso está inversamente relacionada con la complejidad respecto a otro tipo, haciendo necesario alcanzar un compromiso que permita cumplir las condiciones de diseño definidas en el proyecto.

Por todo ello, es indispensable que las categorías en las que clasificamos la complejidad y sus relaciones se establezcan conforme a criterios matemáticos. Lo habitual es utilizar la *cota superior asintótica* que declara que la función $g(x)$ acota superiormente a la función $f(x)$ cuando el argumento x tiende a infinito si cumple que $|f(x)| \leq c|g(x)|$ a partir del valor x_0 del argumento. Utilizando la notación de Landau escribimos $f(x) = \mathcal{O}(g(x))$ que se lee "$f(x)$ es o grande de $g(x)$". Formalmente:

$$\mathcal{O}(g(x)) = \left\{ \begin{array}{l} f(x) \text{ existen } x_0, c > 0 \text{ tales que} \\ \text{para todo } x \geq x_0 \text{ se cumple } |f(x)| \leq c|g(x)| \end{array} \right\}$$

La figura 1.7 ilustra un ejemplo sencillo de como la función $g(x)$ es cota superior asintótica de $f(x)$, de forma que a partir de x_0 estamos seguros de que la segunda siempre estará por debajo de la primera. Por consiguiente, en base al concepto de cota superior asintótica, establecemos con precisión las relaciones entre órdenes o categorías de complejidad. La figura 1.8 ilustra como escala cada función con el parámetro n de una manera ostensiblemente diferente.

Los órdenes sublineales de menor a mayor son:

$$\mathcal{O}(1) \subset \mathcal{O}(\log n) \subset \mathcal{O}(\sqrt{n}) \subset \mathcal{O}(n)$$

El menor de todos es el $\mathcal{O}(1)$ ("o grande de una constante"). En este caso, la complejidad es independiente del parámetro o argumento n y representa un caso ideal en el que el recurso sometido a examen no crece con el argumento. En el resto

---

caso de optimización, interesante tanto desde el punto de vista práctico como teórico, del que se tiene constancia a partir de principios del siglo XIX y cuyas aplicaciones abarcan numerosos campos de la ciencia y de la técnica. Consiste en calcular la ruta más corta posible que permita visitar una vez un conjunto de ciudades finalizando en la de origen.

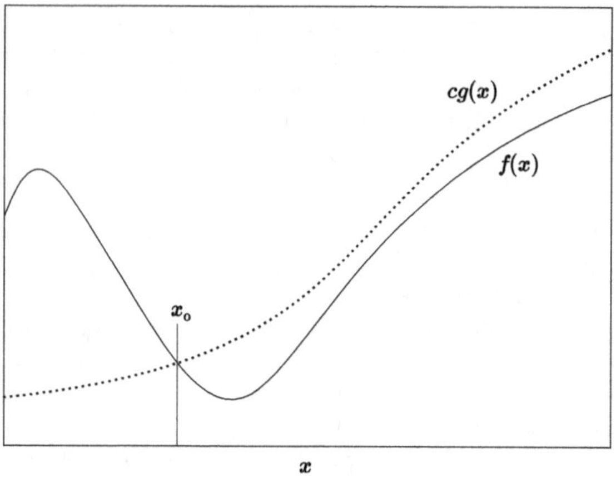

Figura 1.7 Gráfica en la que $f(x) = \mathcal{O}(g(x))$.

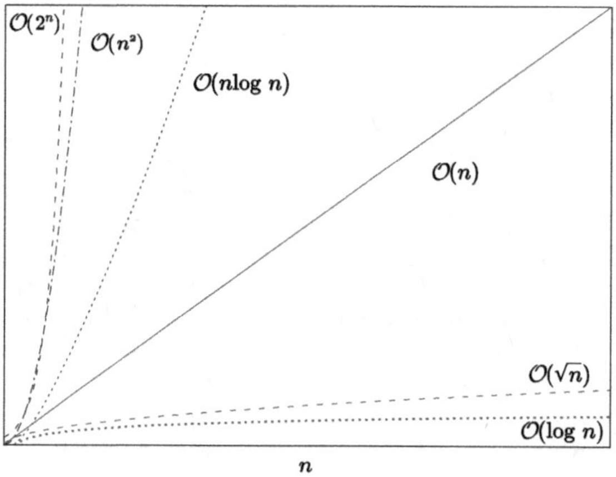

Figura 1.8 Representación de algunos órdenes o categorías de complejidad.

de órdenes sublineales la complejidad crece con n de una manera más lenta que en el caso lineal, es decir, en todos ellos la necesidad de recursos manifiesta un crecimiento moderado con respecto al argumento.

Por encima de la recta tenemos los órdenes superlineales:

$$\mathcal{O}(n) \subset \mathcal{O}(n \log n) \subset \mathcal{O}(n^2) \subset \mathcal{O}(n^3) \subset \mathcal{O}(2^n) \subset \mathcal{O}(n^n)$$

Nótese que ahora un ligero incremento en el argumento n dispara el recurso sometido a examen. Este comportamiento puede hacer que un problema computacional se vuelva intratable a poco que se salga de un caso trivial. Por ello, resulta vital hacer un correcto análisis de cómo escalan los recursos que demandan los problemas a fin de prever los límites prácticos de lo que se puede hacer y lo que no.

Ahora bien, ¿qué es el argumento n? El argumento n puede ser el número de bits de una operación, la cantidad de elementos de una lista, etc.

Ejemplo 1.2 Disponemos de una máquina de Turing que realiza el complemento a uno de cualquier codificación binaria de tamaño n bits, sabiendo que complementar a uno es conmutar los 1 por 0 y viceversa. ¿Cuál es su orden de complejidad?

Solución Independientemente de cómo se lleve a cabo la tarea en la práctica, es evidente que consiste en recorrer la codificación escribiendo el complemento de cada bit previamente leído. Desde el punto de vista espacial, necesitamos rellenar n cuadros en la cinta, lo que implica que el espacio escala de manera lineal (complejidad espacial $\mathcal{O}(n)$). En cuanto al recurso tiempo, sabemos que éste es proporcional al número de operaciones, en este caso son necesarias n operaciones, una por cada bit, lo cual suscita un orden de complejidad temporal $\mathcal{O}(n)$.

La teoría de la complejidad computacional considera que un problema es *tratable* si el tiempo de cómputo escala de manera polinómica ($\mathcal{O}(n^p)$). Así mismo, considera que un problema es *intratable* si necesita un tiempo exponencial ($\mathcal{O}(b^n)$) para alcanzar la solución. En concreto, se establecen los siguientes tipos de problemas:

Cuadro 1.1 Resumen de tipos de problemas.

tipo	**complejidad temporal**
P	polinómico o inferior
NP	entre polinómico y exponencial
NP-completo	exponencial o superior

La clase P, de *Polynomial time*, incluye los problemas tratables, es decir, aquellos problemas que pueden ser resueltos en tiempo polinómico por una máquina de Turing determinista[14]. La etiqueta NP, de *Nondeterministic Polynomial time*, se refiere al conjunto de problemas que son resueltos por una máquina de Turing no determinista. *Grosso modo* diremos que aquellos problemas que se solucionan en tiempo superior al polinómico, pero inferior al exponencial son NP mientras que aquellos que se solucionan en tiempo exponencial son NP-completo.

Los algoritmos que resuelven los problemas de la clase NP constan de dos fases, una primera en la que se obtiene de manera no determinista un indicio o solución tentativa, seguida de una verificación determinista de si el indicio es efectivamente solución. El descubrimiento de soluciones tentativas se basa en alguno de estos enfoques: aproximativo, probabilístico, de satisfacción de restricciones, de parametrización de la complejidad o heurístico.

1.5 Arquitectura de computadores

La arquitectura de computadores es la rama de la ingeniería que se ocupa del diseño, fabricación y mantenimiento de los computadores tanto en sus aspectos físicos (*hardware*) como lógicos o programados (*software*).

Si en general la ingeniería consiste en aplicar los conocimientos científicos y tecnológicos para solucionar necesidades concretas de la sociedad, en este caso se trata de conjugar las ciencias de la computación con la ingeniería eléctrica en el desarrollo de los computadores.

Podemos considerar a la arquitectura de computadores como una disciplina independiente desde comienzos del último cuarto del siglo XX, con la aparición de los primeros microprocesadores[15]. La difusión de estos dispositivos y la exitosa miniaturización de los componentes de estado sólido propició que el diseño de los computadores dejara de ser competencia exclusiva de unos pocos científicos, interesados en ensanchar las fronteras de la técnica, para convertirse en el arte de crear máquinas que se

---

[14] Cualquier máquina de Turing no determinista de complejidad $\mathcal{O}(t(n))$ se puede reducir a una determinista de complejidad $\mathcal{O}(2^{t(n)})$.

[15] Se considera que el primer microprocesador es el *Intel 4004* lanzado en 1971. En realidad, fue concebido como circuito digital de propósito general, para ser usado en una línea de calculadoras, pero enseguida se hizo patente su gran potencialidad.

ajustan a unos requisitos funcionales, de rendimiento y de coste. Es decir, no se trata solamente de interconectar unos bloques electrónicos sino de convertir el conocimiento en algo práctico dentro de las limitaciones de recursos propias de cada momento. El objetivo es lograr el mayor rendimiento al menor coste mediante la armonización de todos y cada uno de los aspectos que intervienen en el proceso de computación: algoritmos, lenguajes, componentes, codificación, comunicación, etc.

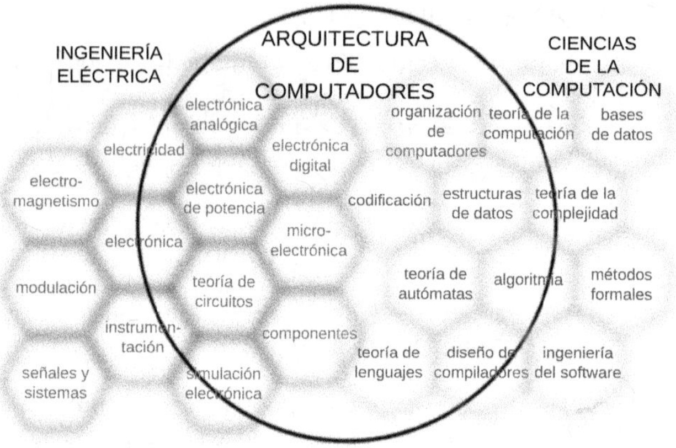

Figura 1.9 Áreas de conocimiento de la arquitectura de computadores.

La difusión de los sistemas informáticos ha sido de tal envergadura que ya no se entiende un equipo que no esté gobernado o monitorizado por un computador, haciendo que la arquitectura de computadores comparta protagonismo con otras muchas ramas de la ingeniería. Desde un punto de vista académico, comenzó siendo una especialización de la ingeniería eléctrica, orientada a extender el diseño digital al desarrollo de sistemas digitales y microprocesadores, para más tarde integrar conocimientos teóricos de las ciencias de la computación como guía del ciclo de diseño.

1.5.1 Niveles de descripción

En general, para abordar con éxito el estudio de sistemas complejos se recurre a las jerarquías de niveles de descripción. En ellas, las descripciones en un nivel son abstracciones de las descripciones en el nivel inmediatamente inferior e implementaciones de las descripciones del nivel inmediatamente superior. Así, conseguimos limitar el ámbito de los procesos de análisis y síntesis a niveles adyacentes.

Un computador es un sistema suficientemente complejo como para que esté plenamente justificado utilizar este esquema conceptual multinivel. La figura siguiente ilustra los seis niveles comúnmente utilizados. Los tres inferiores son físicos o *hardware* mientras que los tres superiores son lógicos, simbólicos o *software*. A veces, la frontera entre qué se hace mediante *software* y qué se hace mediante *hardware* no es nítida y depende de los equilibrios entre coste y rendimiento. Por ejemplo, la operación de división podría contar con un operador físico o realizarse por programa.

Niveles físicos

Los niveles físico, de sistema y de organización son responsables de la implementación *hardware* del computador. En la parte más baja de la jerarquía nos topamos con la tecnología, que atañe a las leyes de la electrónica física[16] y a los métodos de fabricación propios de la microelectrónica[17] (cf. 5.6). Muchas veces, la simple mejora

[16] Rama de la electrónica dedicada a la teoría del transporte de portadores en semiconductores.

[17] Rama de la electrónica dedicada a la producción de componentes electrónicos a escala microscópica. Entre estos dispositivos se hallan todos los habituales a escala normal (diodos, transistores,

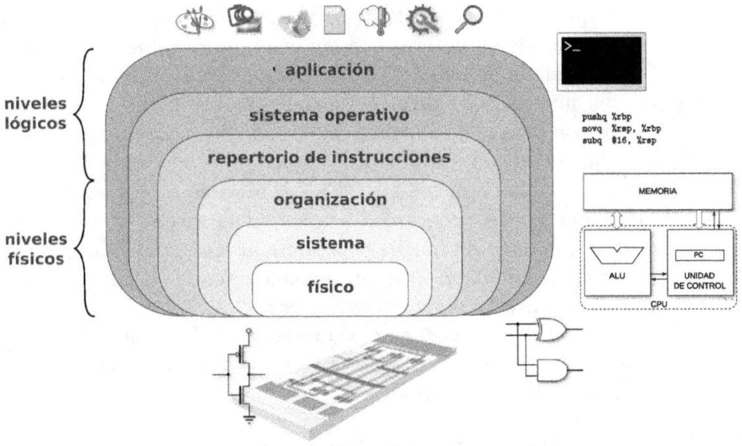

Figura 1.10 Niveles de descripción de un computador.

en las técnicas de integración de componentes semiconductores consigue sustanciales incrementos de rendimiento sin necesidad de acometer ningún esfuerzo en aspectos conceptuales que, no obstante, sí que son fundamentales en los niveles de sistema y de organización.

En el nivel de sistema es de capital importancia el diseño, compaginando cuestiones relativas a la codificación, las matemáticas, las leyes de la lógica, etc., para conseguir dotar a la máquina de las funcionalidades requeridas. Así, las abstracciones del nivel de organización se especifican formalmente mediante tablas de verdad y funciones lógicas cuya síntesis produce diferentes sistemas electrónicos digitales. Tradicionalmente, estos diseños se han concretado en lógica booleana como conceptualización previa a la realización física, aunque, cuando la tecnología subyacente es CMOS (cf. 5.3.1), existe un camino directo que acorta el trabajo de ingeniería y, habitualmente, ofrece mejores resultados en coste y rendimiento.

El nivel de organización se puede entender como el procesador del repertorio de instrucciones, es decir, como un sistema digital complejo capaz de interpretar cada instrucción y ejecutarla. Desde este punto de vista, la organización de un computador establece qué bloques se deben incluir para realizar esta función y cómo se interconectan.

Niveles simbólicos

Los niveles de repertorio de instrucciones, sistema operativo y aplicación constituyen la capa *software* del computador cuyos elementos son de naturaleza simbólica, es decir, propios de los lenguajes.

El nivel de repertorio establece las especificaciones de las instrucciones, esto es, qué operaciones se pueden ejecutar, dónde se ubican los datos y cómo se codifica todo en un formato binario interpretable por el nivel de organización. Sin embargo, el repertorio es un auténtico lenguaje de programación, y de ahí que nos refiramos a él como lenguaje máquina.

El nivel de repertorio es el primer nivel al que tiene acceso el usuario de un computador, aunque muy rara vez lo hará escribiendo directamente los códigos binarios de las *instrucciones de máquina*. En su lugar, usará el lenguaje ensamblador que asigna

resistencias, condensadores e inductores) más los aislantes y los conductores. Mención especial merecen las técnicas de cableado por la dificultad inherente a la extremada miniaturización.

mnemónicos[18] a las operaciones y a las ubicaciones de los datos, haciendo corresponder cadenas de caracteres con cadenas de bits, bajo unas sencillas reglas sintácticas.

El nivel de sistema operativo se encarga de la gestión de los recursos ofrecidos por los niveles inferiores, ocultando su complejidad y presentando una apariencia común con otras plataformas independientemente de los detalles de la capa física. En realidad, es un conjunto de programas que se ejecutan con ciertos privilegios de los que no disponen las aplicaciones. En los albores de los sistemas operativos se limitaban a la carga de los programas y a sencillas tareas de entrada-salida, pero hoy en día son responsables de muchas y complejas funciones, hasta el punto de que cuando se diseña un nuevo computador se suelen tener en cuenta las capacidades del sistema operativo para darles soporte *hardware*.

El nivel de aplicación es el más alto de la jerarquía de descripción y típicamente cuenta con un repositorio de programas cuyas imágenes binarias están almacenadas en un sistema de ficheros.

1.5.2 La organización de von Neumann

Como se ha dicho anteriormente, la organización de un computador se refiere al modo de regular el procesamiento del repertorio de instrucciones, que consta de dos tareas entrelazadas: interpretación y ejecución.

La interpretación implica búsqueda y decodificación, lo cual da lugar a un flujo de información, entre el recurso que almacena dichas instrucciones y el bloque procesador, que llamaremos *flujo de instrucciones*.

La ejecución implica la búsqueda de los datos, su procesamiento y posterior salvaguarda, lo cual da lugar a un *flujo de datos*, entre el recurso que los almacena y los operadores.

Cada flujo es gestionado por bloques independientes: el de instrucciones por la *unidad de control* y el de datos por la *unidad aritmético-lógica*. El conjunto de ambos se suele denominar *unidad central de proceso*. Los recursos de almacenamiento, sean de instrucciones o datos, constituyen el bloque *memoria*.

Pues bien, dependiendo de cuál de los dos flujos guíe el orden de procesamiento, tenemos dos modelos totalmente diferentes:

- Máquinas de flujo de datos
- Máquinas de flujo de control

En las máquinas de flujo de datos, el orden de ejecución viene dado por la disponibilidad de los datos, de manera que las operaciones se disparan cuando todos los entrantes están listos. Es un modelo[19] intrínsecamente concurrente, cuya programación se efectúa mediante lenguajes de programación declarativos[20] que, en último término, manifiestan las dependencias de datos. Esta organización no existe en estado puro en nuestros días.

---

[18] Mnemónico o nemónico es una etiqueta que sustituye a un código binario, haciéndolo más fácil de recordar e interpretar. Su nombre proviene del griego *mnēmonikós*, memoria. El conjunto de mnemónicos y su sintaxis es lo que conocemos como lenguaje ensamblador. Evidentemente, hace falta una herramienta *software* que convierta las etiquetas a códigos, y eso es lo que hace el programa ensamblador.

[19] Las máquinas de flujo de datos representan el temprano interés de la comunidad científica por conseguir la computación paralela a nivel de instrucción. Uno de los primeros modelos teóricos propuestos se lo debemos a Jack B. Dennis (1931 – 2026) en su artículo *Programming generality, parallelism and computer architecture* de 1968, en el que propone la ejecución guiada por datos basada en los grafos de flujo de datos. El primer prototipo funcional fue construido en el *Massachusetts Institute of Technology* en 1976. Aunque a principios de la década de los 90 menguó el interés por este tipo de máquinas, algunos de sus planteamientos están presentes en computadores actuales. Para más información consultar *Apuntes de arquitectura de computadores. Principios, implementación y rendimiento*. Rafael Rico, 2021.

[20] Un lenguaje declarativo es aquel que describe el qué se quiere lograr en lugar de detallar el cómo. En este grupo se encuentran Prolog, Miranda o Lisp (puro).

Las máquinas de flujo de control, flujo de instrucciones o de von Neumann, son aquellas en las que el orden de ejecución de las operaciones viene indicado en el propio programa, que ha sido desarrollado mediante lenguajes de programación imperativos[21]. Este modelo de ejecución secuencial es intrínsecamente lento.

La primera descripción de este modelo de organización se debe a John von Neumann y aparece en el informe *First Draft of a Report on the EDVAC* de 1945. En él propone el diagrama de bloques que vemos en la figura siguiente y aporta la novedosa idea de que las operaciones estén codificadas en memoria como instrucciones de máquina (*software*) en lugar de arreglarlas mediante conexiones cableadas (*hardware*).

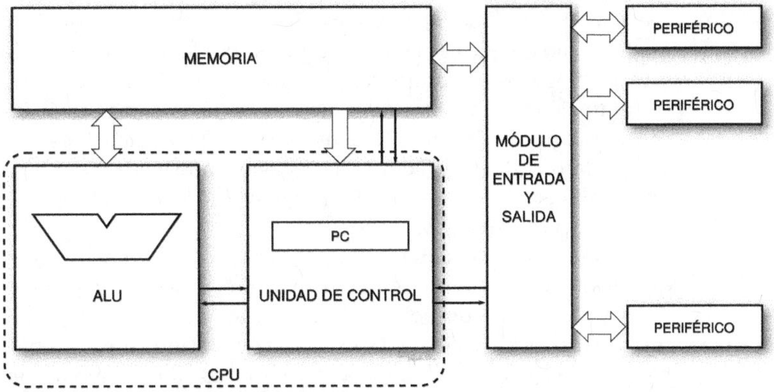

Figura 1.11 Diagrama de bloques de la arquitectura de von Neumann.

El modelo físico de von Neumann

La unidad aritmético-lógica o ALU (*Arithmetic Logic Unit*) es la encargada de procesar la información y reúne todos los operadores. Es habitual que contenga múltiples elementos de almacenamiento fuertemente interconectados. Esto produce una alta densidad de pistas metálicas sobre el semiconductor, cuya visión al microscopio manifiesta frondosos haces de caminos, por lo que también se denomine *ruta de datos*. Como ya se ha indicado, el flujo de datos va y viene entre la memoria y esta unidad.

La unidad de control o CU (*Control Unit*) es responsable del flujo de instrucciones, es decir, de buscarlas, interpretarlas y ejecutarlas. Gobierna el resto de bloques emitiendo las oportunas señales de control y constituye el mayor desafío de diseño de todo el computador. Su planteamiento depende, en gran medida, de la arquitectura del repertorio de instrucciones.

Lo definitorio del flujo de control es que el orden de ejecución viene fijado por el programa. Originalmente, cada instrucción explicitaba cual le seguía, sin embargo, pronto se comprobó que este mecanismo consumía mucho espacio de memoria y se optó por asumir el orden implícito de la secuencia de instrucciones, es decir, a cada cual se sigue la que está a continuación, salvo que se indique lo contrario[22]. Esto requiere de un puntero especial, cuyo cometido es indicar la posición en memoria de la siguiente instrucción a ejecutar: el registro contador de programa o PC (*Program Counter*). La unidad de control actualiza dinámicamente el PC en función del tamaño de codificación de cada instrucción[23].

---

[21] Un lenguaje imperativo es aquel que indica cómo hacer una tarea mediante una sucesión de sentencias. A este grupo pertenecen FORTRAN, C, Pascal o Python, entre otros muchos.

[22] Las instrucciones con esta capacidad son las de control de flujo o bifurcación. Nos referimos a ellas al comienzo del capítulo, como hecho diferencial entre un computador y una calculadora.

[23] La existencia del PC da soporte a la programación modular, permitiendo salvaguardar la dirección de retorno cuando se invocan subrutinas.

La memoria, de acceso aleatorio y de lectura-escritura, almacena el proceso[24] en curso. Es por esto que se hable de máquinas de programa almacenado en contraposición a las de programa cableado. Las primeras pueden resolver múltiples problemas computacionales sin más que cargar un nuevo programa en memoria, mientras que las segundas solamente pueden resolver el problema que llevan escrito de manera permanente. Recordemos que las de programa almacenado se consideran máquina de Turing universal.

Cada proceso cuenta con un mapa de memoria dividido en dos grandes secciones: la de código, que contiene la secuencia de instrucciones, y la de datos. La sección de código, normalmente de sólo lectura, se relaciona con el flujo de instrucciones, y la sección de datos, de lectura y escritura, se relaciona con el flujo de datos.

El hecho de que el mapa de memoria de un proceso contenga una sección de código y otra de datos, es fuente de controversia para algunos teóricos de las ciencias de la computación. El debate versa acerca de si una máquina de von Neumann es o no es una máquina de Turing, pues ésta no tiene nada más que una sección (la cinta) y aquella dos diferenciadas. La discusión no tiene interés práctico si nos ceñimos al punto de vista de la ingeniería, aunque sí lo puede albergar bajo un posicionamiento estrictamente científico.

Lo que sí es relevante desde una perspectiva eminentemente práctica, es constatar que el bloque memoria es un recurso único que da soporte a dos flujos. Este hecho provoca un cuello de botella en los accesos a memoria y por ende una limitación al rendimiento difícil de soslayar. En este sentido, una posible solución es incluir dos bloques de memoria diferenciados: uno dedicado a las instrucciones y otro dedicado a los datos[25].

El módulo de entrada-salida y el conjunto de periféricos, proporcionan la comunicación del computador con el mundo exterior incluyendo tanto la relación hombre-máquina como la máquina-máquina.

Para finalizar esta descripción del modelo físico de von Neumann, debe ser reconocida la importancia de los buses del sistema, a saber, el bus de datos, el de direcciones y el de control. Su capacidad de transportar información debe ser tal que no lastre el rendimiento de la máquina imponiendo limitaciones adicionales a las que ya tiene de suyo la propia organización (léase modelo secuencial de ejecución y cuello de botella en el acceso a memoria). El bus de datos se encarga de mover los datos, el de direcciones los punteros de memoria, y el de control las señales que gobiernan los diferentes sistemas del computador.

El modelo de programación de von Neumann

La organización de von Neumann también se manifiesta en un modelo de programación basado, como ya se ha señalado, en los lenguajes imperativos, que se acomodan de manera natural al estilo de procesamiento secuencial y a la algoritmia[26], puesto que un algoritmo no es más que una receta que promete la solución a un problema computacional siempre que se cumpla la sucesión de tareas estipuladas[27].

---

[24] Cualquier programa o aplicación tiene una imagen estática, almacenada en un repositorio (sistema de ficheros, disco óptico, etc.), que se convierte en dinámica cuando pasa a ejecución y se carga en la memoria principal del computador. La imagen dinámica es el proceso y, aunque ambos objetos hacen referencia a una misma realidad, no son iguales, ya que la imagen estática necesita algunas transformaciones para ponerse en ejecución.

[25] A esta organización se la denomina *arquitectura Harvard*, siendo para algunos una alternativa a la de von Neumann, y para otros sencillamente una mejora en la estructura de la memoria.

[26] La algoritmia o algorítmica es la ciencia que tiene como objetivo el desarrollo de métodos y técnicas para el diseño de algoritmos que minimicen el uso de recursos.

[27] En última instancia, la naturaleza del algoritmo radica en el modo discursivo del razonamiento humano, esto es, una facultad consistente en enlazar juicios hasta alcanzar una verdad.

La inexistencia de máquinas de flujo de datos se debe, fundamentalmente, a la dificultad para programarlas. Ahora bien, sí que encontramos ejecución guiada por datos en máquinas de flujo de control en las que se logra aprovechar la concurrencia de manera transparente al programador. El caso más paradigmático es el de los procesadores superscalares[28] de ejecución fuera de orden.

1.5.3 El proceso de computación

Es crucial considerar la resolución de un problema computacional como un proceso integral en el que el éxito depende de la adecuada sintonización de las fases que lo componen. La figura 1.12 ilustra esas fases desde la inicial formulación abstracta hasta la imagen binaria del programa ejecutable que lo resuelve en un computador convencional moderno. Intencionalmente se ha prescindido en el esquema de la máquina física con el fin de enfatizar que su potencia de cálculo no es la responsable en exclusiva del rendimiento del programa. Poco podrá hacer el computador si el algoritmo no es acertado o la programación es deficiente.

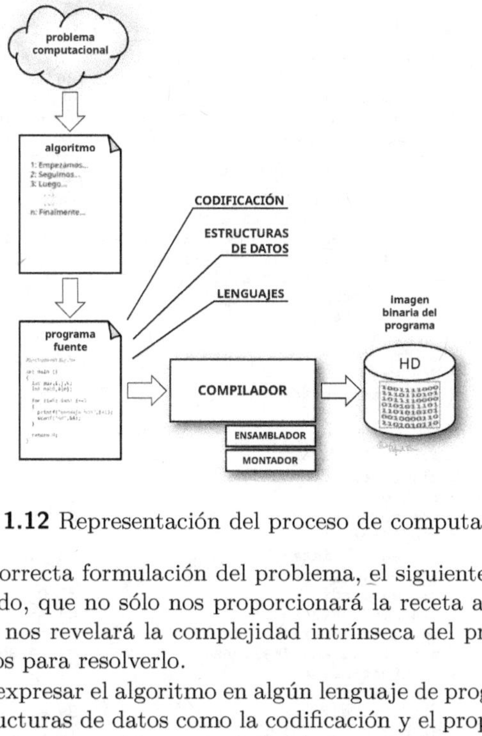

Figura 1.12 Representación del proceso de computación.

Asumiendo una correcta formulación del problema, el siguiente paso es encontrar un algoritmo adecuado, que no sólo nos proporcionará la receta a seguir para hallar la solución, sino que nos revelará la complejidad intrínseca del problema respecto a los recursos necesarios para resolverlo.

Después hay que expresar el algoritmo en algún lenguaje de programación, cuidando que tanto las estructuras de datos como la codificación y el propio lenguaje formal sean convenientes al tipo de problema, y vigilando que el código fuente[29] producido no aumente la complejidad intrínseca del algoritmo.

Entre los lenguajes de alto nivel, la elección debería ser guiada por el problema computacional, aunque a veces prevalezca la productividad del entorno de desarrollo. No obstante, el lenguaje ensamblador, el más cercano a la arquitectura de la máquina, se emplea siempre que se necesite una rutina de muy alto rendimiento o manejar con precisión alguna característica *hardware* del procesador.

[28] Un procesador superescalar es aquel capaz de ejecutar más de una instrucción por ciclo de reloj.

[29] El código fuente es un conjunto de líneas de texto plano escritas en un lenguaje de programación humanamente legible.

Una vez obtenido el código fuente, éste aún no es ejecutable y ha de ser traducido a código binario utilizando las oportunas herramientas. Ese binario adopta una imagen estática, cuando está en el repositorio de aplicaciones, y otra dinámica, cuando está en ejecución.

Nótese que durante la evolución del proceso de computación, el problema computacional abstracto adopta una sucesión de formatos (algoritmo, código fuente, imagen estática e imagen dinámica), donde todos y cada uno de ellos son actualizaciones de la misma máquina de Turing.

A modo de ejemplo, presentamos el cuadro 1.2 con cinco instancias de la máquina de Turing que resuelve el problema computacional de ordenación de menor a mayor de una lista de enteros utilizando el método de la burbuja: enumeración de pasos del algoritmo, pseudocódigo, código fuente en lenguaje C, código fuente en lenguaje ensamblador *Intel* x86-32 e imagen binaria en hexadecimal.

Cuadro 1.2 Diferentes instancias de la máquina de Turing para el algoritmo de la burbuja.

algoritmo de la burbuja

1. tome el primer número de la lista y compárelo con el segundo
2. si el primer número es mayor que el segundo, cámbielos de orden
3. avance al siguiente par de números y repita la acción
4. haga esto hasta el final de la lista; el número más grande será el último
5. vuelva a empezar, ignorando los números ya ordenados, hasta que no queden más

pseudocódigo

```
Procedimiento Burbuja(lista, n)
  Para i desde 0 hasta n-1 hacer
    Para j desde 0 hasta n-i-1 hacer
      Si lista[j]>lista[j+1] entonces
        auxiliar=lista[j]
        lista[j]=lista[j+1]
        lista[j+1]=auxiliar
      Fin Si
    Fin Para
  Fin Para
Fin Procedimiento
```

lenguaje C

```
void burbuja(int lista[], int n) {
int i, j, auxiliar;
  for (i=0; i<n-1; i++) {
    for (j=0; j<n-i-1; j++) {
      if (lista[j]>lista[j+1]) {
        auxiliar=a[j];
        lista[j]=lista[j+1];
        lista[j+1]=auxiliar;
      }
    }
  }
}
```

ensamblador x86-32	binario x86-32
`bucle_externo:`	
`  push ecx`	`51`
`  xor ebx, ebx`	`31 DB`
`bucle_interno:`	
`  mov eax, [lista+ebx*4]`	`8B 04 9D [ptr lista]`
`  mov edx, [lista+ebx*4+4]`	`8B 14 9D [ptr lista+4]`
`  cmp eax, edx`	`39 D0`
`  jle sin_intercambio`	`0F 8E`
`  mov [lista+ebx*4], edx`	`89 14 9D [ptr lista]`
`  mov [lista+ebx*4+4], eax`	`89 04 9D [ptr lista+4]`
`sin_intercambio:`	
`  inc ebx`	`43`
`  cmp ebx, ecx`	`39 CB`
`  jl bucle_interno`	`7C`
`  pop ecx`	`59`
`  dec ecx`	`49`
`  jnz bucle_externo`	`75`

Evidentemente, de estas cinco instancias de la máquina de Turing correspondiente al algoritmo de la burbuja, sólo la imagen dinámica, ejecutada en una máquina concreta, producirá una ordenación efectiva de una lista dada, pero todas son válidas y nos permiten evaluar la complejidad espacial y temporal del método.

Por otra parte, de la misma manera que un computador de propósito general se considera una máquina de Turing universal, un lenguaje de programación también lo es, ya que admite la expresión de cualquier algoritmo.

Herramientas de desarrollo de *software*

Sin duda, la calidad de las herramientas de desarrollo y el uso que se les dé impactan notablemente en el rendimiento final. Como vemos en la figura 1.12, entre el código fuente y la imagen binaria del programa se encuentran una serie de programas que permiten convertir cadenas de caracteres (texto) a cadenas de bits (lenguaje máquina binario). A saber:

- Compilador: toma como entrada código fuente y produce como salida un fichero binario ejecutable, que es la imagen del programa objeto; dado que tiene una vista completa del código, es capaz de realizar importantes optimizaciones.
- Intérprete: toma el código fuente sentencia a sentencia, las traduce a instrucciones de máquina y las ejecuta; no produce fichero ejecutable, pero comparte espacio de memoria con el fichero del programa; fue una solución obsoleta que ha revivido de la mano de Python o JavaScript, lenguajes interpretados, independientes de la plataforma, es decir, que se pueden ejecutar en cualquier sistema operativo sin necesidad de recompilar, aunque cargan la responsabilidad de desarrollar el interprete a terceros.
- Ensamblador: traduce código fuente en lenguaje ensamblador a cadenas de bits, produciendo la imagen binaria del programa objeto; es mucho más sencillo que un compilador y no realiza optimizaciones.
- Montador o enlazador o *linker*: el desarrollo de *software* produce múltiples piezas separadas de código binario, ya sean módulos, procedimientos o librerías de funciones, que han de ser reunidas para producir una aplicación autocontenida[30]; sabido esto, el montador enlaza las diferentes piezas, colocándolas sobre un mapa de memoria y otorgando a cada referencia el puntero correcto, produciendo bien un fichero imagen ejecutable, destinado a un determinado sistema operativo[31], o bien una librería de funciones; en ocasiones, también es capaz de realizar algunas optimizaciones, asignaciones de registros e incluso de retirar secuencias de código no utilizadas.

Hablar de desarrollo de *software* parece que es hablar de instrucciones, es decir, de la sección de código del mapa de memoria del proceso, pero no hemos de olvidar la de datos. Todos los datos que maneja el programa residen en la memoria del computador con independencia de que en algún instante del procesamiento se copien temporalmente en la ALU.

Cada dato cuenta con una declaración que indica el tamaño reservado en memoria, y puede corresponder a una constante o a una variable y, en este segundo caso, se le puede asignar valor o no. Los datos pueden ser de muy distintos tipos: simples (carácter, entero, real, etc.) o compuestos (*arrays*, estructuras, etc.), con signo o sin él, valores o punteros, globales o locales.

La sección de datos se divide en áreas (datos inicializados, datos sin inicializar, *heap*, pila, constantes) dependiendo del tipo de dato. En la imagen estática del programa, los datos sin inicializar normalmente no consumen espacio, sino que se indica su existencia para que sea el cargador el que, en el momento oportuno, los cree expandiendo el mapa de memoria del proceso.

---

[30] En el caso de los programas enlazados dinámicamente, el ejecutable no lleva incorporadas las librerías de funciones, ya que el enlace con ellas se produce durante la ejecución misma del programa. Es una técnica orientada a disminuir el tamaño de las imágenes de las aplicaciones.

[31] El sistema operativo lo forman un conjunto de programas cuyo fin es gestionar los recursos *hardware* y proporcionar servicios y utilidades *software*. Una de estas piezas es el cargador, que toma la imagen de un ejecutable y la ubica en memoria para que sea procesada. Para poder realizar su trabajo, el cargador requiere de cierta información que se incluye en la propia imagen estática del ejecutable. Tanto la información misma como su formato, son específicos de cada sistema operativo y, por eso, cada imagen va destinada a una plataforma erigida sobre un par procesador-sistema operativo.

Problemas propuestos

1.1 Escriba la función de transición δ de una máquina de Turing que realiza el complemento a uno de una codificación binaria de cualquier tamaño, sabiendo que complementar a uno es la operación de conmutar los 1 por 0 y viceversa. **Solución:** $\delta(\mathsf{q_0}, \mathsf{0}) \rightarrow (\mathsf{q_0}, \mathsf{1}, \mathsf{i})$, $\delta(\mathsf{q_0}, \mathsf{1}) \rightarrow (\mathsf{q_0}, \mathsf{0}, \mathsf{i})$, $\delta(\mathsf{q_0}, \mathsf{v}) \rightarrow (\mathsf{h}, \mathsf{v}, \mathsf{i})$ donde el estado h representa el final con aceptación.

1.2 Muestre la secuencia de movimientos en la máquina de Turing complementador a uno para el número binario 10101.

1.3 Modifique la función de transición δ del ejemplo de la página 6 para construir una máquina de Turing que implemente un decrementador unidad.

1.4 Muestre la secuencia de movimientos en la máquina de Turing decrementador unidad para el número binario 11011.

1.5 A partir del ejemplo de máquina de Turing de la página 6 determine la función de transición δ de un incrementador en 2 unidades.

1.6 A la luz de la solución del problema anterior, discuta cómo sería la función de transición δ para incrementadores en 2^p unidades siendo $p > 1$. ¿Cómo modificaría la definición de Turing para que su máquina se adaptara a este problema de manera que las especificaciones de δ fueran más sencillas?

1.7 ¿Qué órdenes de complejidad temporal y espacial comporta la tarea de extraer el valor máximo de una lista de n números naturales? **Solución:** Ambas escalan como $\mathcal{O}(n)$.

1.8 ¿Qué órdenes de complejidad temporal y espacial exhibe la ordenación ascendente de una lista de n elementos mediante el algoritmo de la burbuja? **Solución:** La complejidad temporal escala como $\mathcal{O}(n^2)$, que es proporcional al número de operaciones a realizar, mientras que la complejidad espacial escala como $\mathcal{O}(n)$.

1.9 Determine el orden de complejidad espacial que exhibe el producto de matrices cuadradas de dimensión n. Suponga que son de números naturales de tamaño *byte* y cuantifique el espacio en número de *bytes*.

1.10 Determine el orden de complejidad temporal que exhibe el producto de matrices cuadradas de dimensión n cuantificado en número de operaciones.

1.11 Dada una cadena de caracteres de longitud n, ¿qué complejidad temporal tiene el algoritmo que invierte el orden de los caracteres?

1.12 Sea un número binario de n bits. Se desea intercambiar 2 campos de p y $n - p$ bits respectivamente. ¿Qué complejidad temporal tiene este problema?

1.13 La ACM (*Association for Computing Machinery*) es la sociedad científica concerniente con la computación más grande y prestigiosa del mundo. En su vertiente educativa, elabora con cierta periodicidad informes con recomendaciones para confeccionar planes de estudios sobre las disciplinas afines a su objeto. Busque y analice los últimos en relación con la arquitectura de computadores.

1.14 Busque el informe *First Draft of a Report on the EDVAC* de 1945 de John von Neumann y localice su propuesta acerca de las instrucciones de máquina. ¿Qué expone concretamente?

2 Codificación

2.1 El entorno computacional

Sabemos que un computador es una máquina que procesa información. Resulta, por tanto, imprescindible que dicha información sea susceptible de ser procesada, es decir, que tenga una forma que admita su interpretación y tratamiento.

Precisemos los conceptos de *dato* e *información*. Si nos encontramos con el conjunto de cifras 120919 lo que tenemos es un dato del que no podemos establecer su naturaleza *a priori*. Podría referirse a una fecha (12 de septiembre de 2019), una hora (12h:9m:19s), una cantidad (120 919) o cualquier otra información que imaginemos.

Del ejemplo anterior podemos inferir que dato es simplemente un conjunto de símbolos mientras que información es una relación organizada de datos o, dicho de otra manera, una serie de datos codificados de acuerdo a un formato.

La información que maneja el computador siempre es numérica, ya sean propiamente números (naturales, enteros, reales), ya sean conjuntos de elementos (caracteres, colores, operaciones, etc.). Un sistema de codificación numérica o sistema de numeración se define como un conjunto de símbolos y reglas de generación que permiten representar todos los número válidos. Formalmente:

$$\mathcal{N} = (\mathcal{S}, \mathcal{R})$$

donde $\mathcal{N}$ es el sistema de numeración, $\mathcal{S}$ es el conjunto de símbolos del sistema y $\mathcal{R}$ es el conjunto de reglas de representación y operación.

Llegados a este punto es importante hacer notar la distinción entre *valor* y su representación. Cuando hablamos de valor nos referimos al ente de razón, aunque –inevitablemente– lo pensamos y lo expresamos codificado en algún sistema de representación. En este texto utilizaremos tipografía con serifas (*e.g.* 6) para referirnos al valor y tipografía sin serifas para referirnos a la representación (*e.g.* 6).

2.1.1 Teorema fundamental de la numeración

Los sistemas de codificación[1] numérica pueden ser posicionales, en los que el valor depende del símbolo y de la posición que ocupa (la base 10, por ejemplo); o no posicionales, en los que el valor sólo depende del símbolo (números romanos, por ejemplo).

Un sistema posicional dispone de un conjunto $\mathcal{S}$ de b símbolos, donde $b \in \mathbb{N}$ se conoce como base. A cada símbolo del conjunto $\mathcal{S}$ se le hace corresponder un valor numérico diferente de entre los naturales que van de 0 a $b - 1$. Cada posición de la representación tiene un peso igual a b^i donde i crece de uno en uno de derecha a izquierda.

[1] En general, a lo largo de todo el capítulo, dispone de información más detallada en *Apuntes de arquitectura de computadores. Codificación.* Rafael Rico, 2020.

El teorema fundamental de la numeración establece que la representación V_b de un valor V en el sistema posicional de base b viene dada por la secuencia de dígitos:

$$\mathsf{V}_b = \mathsf{d}_{p-1} \cdots \mathsf{d}_1\, \mathsf{d}_0 \,,\, \mathsf{d}_{-1} \cdots \mathsf{d}_{-q}$$

Y, a partir de dicha representación V_b, recuperamos el valor V así:

$$V = \sum_{i=-q}^{p-1} d_i \cdot b^i = \sum_{i=0}^{p-1} d_i \cdot b^i + \sum_{i=-q}^{-1} d_i \cdot b^i = [V] + \{V\}$$

En aras de la generalidad, hemos supuesto que V tiene parte entera $[V]$, con p dígitos, y parte fraccionaria $\{V\}$, con q dígitos, esto es, V es racional ($V \in \mathbb{Q}$).

El procedimiento de codificación cuenta con un algoritmo para obtener la parte entera $[V]$ y otro diferente para la parte fraccionaria $\{V\}$.

Algoritmo de codificación de la parte entera $[V]$

El algoritmo de codificación de la parte entera consiste en dividir el valor entero $[V]$ entre la base b. Esta operación genera el cociente Q_0 y el resto d_0. A continuación se toma el cociente obtenido y se divide entre b obteniendo nuevo cociente y resto. Este paso se repite sucesivamente hasta que el cociente sea cero. Formalmente:

$$\frac{[V]}{b} = \frac{\sum\limits_{i=0}^{p-1} d_i \cdot b^i}{b} = \sum_{i=1}^{p-1} d_i \cdot b^{i-1} + d_0 \cdot b^{-1} = Q_0 : d_0$$

$$\frac{Q_0}{b} = \frac{\sum\limits_{i=1}^{p-1} d_i \cdot b^{i-1}}{b} = \sum_{i=2}^{p-1} d_i \cdot b^{i-2} + d_1 \cdot b^{-1} = Q_1 : d_1$$

$$\cdots \qquad \cdots \qquad \cdots \qquad \cdots$$

$$\frac{Q_{p-2}}{b} = \frac{\sum\limits_{i=p-1}^{p-1} d_i \cdot b^{i-(p-1)}}{b} = 0 + d_{p-1} \cdot b^{-1} = 0 : d_{p-1}$$

De manera que el código $[\mathsf{V}]_b$ que representa a $[V]$ en el sistema de base b es el correspondiente a la secuencia de restos d_i según la equivalencia $d_i \to \mathsf{d}_i$ con $\mathsf{d}_i \in \mathcal{S}$ ordenados del último obtenido (dígito de mayor peso) al primero (menor peso):

$$[\mathsf{V}]_b = \mathsf{d}_{p-1} \cdots \mathsf{d}_2\, \mathsf{d}_1\, \mathsf{d}_0$$

Ejemplo 2.1 Codifiquemos el valor 183 en el sistema posicional de base 2.

Solución Dividimos 183 entre la base 2 y obtenemos un cociente y un resto, que es el dígito de menor peso d_0. Repetimos el procedimiento con los sucesivos cocientes hasta que obtengamos uno nulo. La secuencia de restos nos da la codificación.

$$\begin{array}{rcl} 183 \div 2 = 91 & : & \mathsf{d}_0 = 1 \\ 91 \div 2 = 45 & : & \mathsf{d}_1 = 1 \\ 45 \div 2 = 22 & : & \mathsf{d}_2 = 1 \\ 22 \div 2 = 11 & : & \mathsf{d}_3 = 0 \\ 11 \div 2 = 5 & : & \mathsf{d}_4 = 1 \\ 5 \div 2 = 2 & : & \mathsf{d}_5 = 1 \\ 2 \div 2 = 1 & : & \mathsf{d}_6 = 0 \\ 1 \div 2 = 0 & : & \mathsf{d}_7 = 1 \end{array}$$

De donde obtenemos la representación pedida: $\mathsf{183}_{10} = \mathsf{1011\,0111}_2$.

Algoritmo de codificación de la parte fraccionaria $\{V\}$

El algoritmo de codificación de la parte fraccionaria consiste en multiplicar el valor fraccionario $\{V\}$ por la base b. Esta operación genera el producto P_{-1}. A continuación se toma la parte fraccionaria del producto obtenido $\{P_{-1}\}$ y se multiplica por b obteniendo un nuevo producto. Este paso se repite sucesivamente hasta que la parte fraccionaria de algún producto sea cero o hasta que hayamos calculado el número q de dígitos fraccionarios especificado. Formalmente:

$$\{V\} \times b = \sum_{i=-q}^{-1} d_i \cdot b^{i+1} = d_{-1} + \sum_{i=-q}^{-2} d_i \cdot b^{i+1} = [P_{-1}] + \{P_{-1}\}$$

$$\{P_{-1}\} \times b = \sum_{i=-q}^{-2} d_i \cdot b^{i+2} = d_{-2} + \sum_{i=-q}^{-3} d_i \cdot b^{i+2} = [P_{-2}] + \{P_{-2}\}$$

$$\ldots \qquad \ldots \qquad \ldots \qquad \ldots$$

$$\{P_{-q+1}\} \times b = \sum_{i=-q}^{-q} d_i \cdot b^{i+q} = d_{-q} + \{P_{-q}\} = [P_{-q}] + \{P_{-q}\}$$

El código $\{\mathsf{V}\}_b$ que representa a $\{V\}$ en el sistema de base b es el correspondiente a la parte entera de los sucesivos productos $[P_i]$ según la equivalencia $[P_i] \rightarrow \mathsf{d}_i$ con $\mathsf{d}_i \in \mathcal{S}$. Los dígitos se ordenan del primero obtenido (dígito de mayor peso) al último (dígito de menor peso):

$$\{\mathsf{V}\}_b = \mathsf{d}_{-1}\,\mathsf{d}_{-2}\,\mathsf{d}_{-3}\cdots\mathsf{d}_{-q}$$

Ejemplo 2.2 Codifiquemos el valor 0,78125 en el sistema posicional de base 2.

Solución Multiplicamos 0,78125 por la base 2 y nos quedamos con la parte entera del producto como dígito de mayor peso d_{-1}. Repetimos el procedimiento con la parte fraccionaria del producto sucesivamente hasta que alguna de dichas partes fraccionarias sea nula o bien hasta que hayamos obtenido el número de dígitos decimales deseado.

$0{,}78125 \times 2 = 1{,}56250 \quad : \quad \mathsf{d}_{-1} = 1$
$0{,}56250 \times 2 = 1{,}12500 \quad : \quad \mathsf{d}_{-2} = 1$
$0{,}12500 \times 2 = 0{,}25000 \quad : \quad \mathsf{d}_{-3} = 0$
$0{,}25000 \times 2 = 0{,}50000 \quad : \quad \mathsf{d}_{-4} = 0$
$0{,}50000 \times 2 = 1{,}00000 \quad : \quad \mathsf{d}_{-5} = 1$

De donde obtenemos la representación pedida: $\mathsf{0{,}78125}_{10} = \mathsf{0{,}1100\,1}_2$.

Como hemos indicado, el número de dígitos decimales que nos proporciona el algoritmo de codificación de la parte fraccionaria depende de si alguno de los sucesivos productos se anula en su parte decimal $\{P_{-i}\}$. Si no encontramos ningún $\{P_{-i}\} = 0$, habremos de truncar la representación para una cantidad q de dígitos decimales que satisfaga la precisión deseada. En este caso, hemos de saber que la representación no será absolutamente fiel al valor $\{V\}$ original, sino que obtendremos una representación con un error por defecto, tanto menor cuanto mayor sea q.

La pregunta inmediata es si podemos formarnos una idea *a priori* acerca de la cantidad de decimales que tendrá una codificación decimal. La respuesta es afirmativa. El teorema fundamental de la numeración nos asegura que cualquier valor V representado en un sistema posicional de base b es racional ($V \in \mathbb{Q}$), es decir, puede expresarse como cociente de dos números enteros ($V = A/B$). Suponiendo que

A/B es la fracción irreducible[2], cualquier múltiplo del radical[3] del denominador B ($m \cdot \mathsf{rad}(B)$ con $m \in \mathbb{N}$) proporciona una base b en la que el número de decimales es finito. De lo contrario, el número de decimales será infinito.

En el ejemplo 2.2, teníamos $0{,}78125 = 78{,}125/100\,000 = 5^7/(2^5 \cdot 5^5) = 25/32$. Puesto que el denominador B de la fracción irreducible es 2^5 y su radical ($\mathsf{rad}(2^5) = 2$) se ajusta a la base propuesta ($b = 2$), verificamos que la cantidad de decimales es finita e igual a 5, que es la potencia a la que la base 2 está elevada en B.

Ejemplo 2.3 Determinemos la cantidad de decimales requerida para representar los valores fraccionarios 1/9, 0,456, 0,625 y 0,390625 en base 2, base 3 y base 5.

Solución Lo primero que debemos hacer es calcular las fracciones irreducibles que expresan cada dato y, a continuación, analizar sus denominadores. Los radicales de los denominadores con valores de 2, 3 o 5 tendrán un número de decimales igual a la potencia a la que se elevan en los sistemas de base 2, base 3 o base 5, respectivamente. En todos los demás casos, el número de decimales será infinito.

fracción irreducible	**base 2**	**base 3**	**base 5**
$\frac{1}{9} = \frac{1}{3^2}$	∞	2	∞
$0{,}456 = \frac{456}{1\,000} = \frac{\cancel{2^3} \cdot 3 \cdot 19}{\cancel{2^3} \cdot 5^3} = \frac{57}{125} = \frac{57}{5^3}$	∞	∞	3
$0{,}625 = \frac{625}{1\,000} = \frac{5^{\cancel{4}}}{2^3 \cdot \cancel{5^3}} = \frac{5}{8} = \frac{5}{2^3}$	3	∞	∞
$0{,}390625 = \frac{390\,625}{1\,000\,000} = \frac{5^{\cancel{8}2}}{2^6 \cdot \cancel{5^6}} = \frac{25}{64} = \frac{25}{2^6}$	6	∞	∞

Codificación de racionales

La representación de un valor racional ($V \in \mathbb{Q}$) con parte entera y fraccionaria ($[V] \neq 0$ y $\{V\} \neq 0$) podemos llevarla a cabo codificando separadamente cada una de ellas mediante el algoritmo correspondiente y colocando a cada lado de la coma la respectiva secuencia de dígitos. Alternativamente, y siempre que conozcamos el número q de dígitos decimales, obtendremos la codificación del entero resultante de multiplicar el valor racional V por la base de representación b elevada a dicho número de decimales ($[V \cdot b^q]$) y, una vez determinada la secuencia de dígitos, ubicaremos la coma en su sitio. Si el producto $V \cdot b^q$ no deja parte fraccionaria, la codificación no tendrá error, mientras que si la tiene, el error por defecto será dicha fracción entre el factor de escala b^q.

---

[2] Una fracción irreducible es aquella que no se puede simplificar más. Esto ocurre cuando el numerador y el denominador ya no tienen ningún divisor común aparte del 1. Recordemos cómo calcular la fracción que representa un número racional $q \in \mathbb{Q}$. Llamaremos entero al número que resulta de quitar la coma, periodo a la parte de entero que se repite y no-periodo a la parte de entero que no se repite. El número total de cifras decimales es n y el número de cifras de periodo es m. Según esto tenemos los siguientes casos:

- si q es exacto, $q = \frac{\mathsf{entero}}{10^n}$, p. ej., $1{,}75 = \frac{175}{10^2} = \frac{175}{100}$
- si q es periódico puro, $q = \frac{\mathsf{periodo}}{10^m - 1}$, p. ej., $0{,}\overline{34} = \frac{34}{10^2-1} = \frac{34}{99}$
- si q es periódico mixto, $q = \frac{\mathsf{entero} - \mathsf{no\text{-}periodo}}{(10^m - 1)(10^{n-m})}$, p. ej., $5{,}2\overline{34} = \frac{5\,234-52}{(10^2-1)(10^3-2)} = \frac{5\,182}{990}$

[3] El radical de un entero n es el producto de sus factores primos distintos.

Ejemplo 2.4 Calculemos la codificación del valor 23,04 en los sistemas posicionales de base 2 y 3 dando 6 decimales en cada caso.

Solución Codificamos el valor V en base 2 a partir de la representación del entero $[V \cdot 2^6]$:

$[23{,}04 \cdot 64] = [1\,474{,}56] = 1\,474 = 101\,1100\,0010_2$

De donde:

$23{,}04_{10} = 1\,0111{,}0000\,10_2$

Obsérvese que el producto $V \cdot 2^6$ deja parte fraccionaria (0,56), de manera que podemos concluir que la representación no es exacta, siendo el error por defecto $0{,}56/2^6 = 0{,}00875$.

Para la codificación en base 3 utilizaremos los algoritmos de la parte entera y de la parte fraccionaria:

$[23{,}04] = 23 \rightarrow 212_3 \qquad \{23{,}04\} = 0{,}04 \rightarrow 0{,}00\,10\,02_3$

De donde la codificación completa queda:

$23{,}04_{10} = 212{,}00\,10\,02_3$

Como el algoritmo de la parte fraccionaria no terminó con $\{P_{-6} = 0\}$, sabemos que en este caso la representación tampoco es exacta.

2.1.2 Espacio limitado

Puesto que la tecnología actual de los computadores es la electrónica digital, y tanto los elementos de almacenamiento como los activos sólo conmutan entre dos estados, la codificación nativa es la posicional de base 2, también conocida como binaria. Sin embargo, la representación computacional muestra características propias debido a que el espacio de representación es limitado.

El origen de la limitación está en que toda la información que maneja el computador se guarda en arreglos de bits de un tamaño n característico denominado *palabra*. La consecuencia inmediata es que un valor V sólo se puede representar en un computador si cabe en la palabra. Por eso definimos *rango de representación* como el conjunto de los valores que podemos codificar sobre una palabra de n bits. Evidentemente, el rango de representación es un conjunto finito por grande que sea la palabra. Cuando un valor V no cabe en la palabra se dice que hay *desbordamiento*.

La limitación del rango de representación implica que la aritmética (operaciones que se hacen con los números) es modular o *aritmética del reloj*, ya que los números comienzan a repetirse tras alcanzar cierto valor llamado *módulo* tal y como sucede en cada vuelta del reloj: si a la hora actual le sumo 12 (módulo) el aspecto del reloj es idéntico.

Definimos *sistema posicional de tamaño limitado* a aquel sistema de codificación numérica posicional de base b que utiliza solamente un tamaño fijo de n dígitos para la representación numérica. Formalmente:

$$\mathcal{POS}_{b,n} = (\mathcal{S}, \mathcal{R}, n)$$

Si el número a representar necesita menos dígitos de los n disponibles, se añaden ceros a la izquierda hasta completar el tamaño de codificación. Por contra, si el número a representar necesita más dígitos de los n disponibles, se trunca su codificación al tamaño dado y se indica el desbordamiento mediante algún mecanismo.

Dado un sistema $\mathcal{POS}_{b,n} = (\mathcal{S}, \mathcal{R}, n)$ su principal característica es el módulo o valor que da comienzo a una nueva vuelta. Formalmente:

$$\mathsf{mod}(\mathcal{POS}_{b,n}) = b^n$$

A partir del módulo podemos definir otras propiedades que exponemos seguidamente. El máximo valor representable es el correspondiente a la codificación con $d_i = b - 1 \quad \forall i \in [0, n-1]$, esto es:

$$\mathsf{max}(\mathcal{POS}_{b,n}) = b^n - 1$$

Definido el rango de representación como el conjunto de valores codificados sobre n dígitos, es decir, del 0 hasta el $\mathsf{max}(\mathcal{POS}_{b,n})$, podemos expresarlo así:

$$\mathsf{rango}(\mathcal{POS}_{b,n}) = \{0, 1, \ldots, b^n - 1\} = [0, b^n - 1]$$

Finalmente, la cantidad de números codificados sobre n dígitos es el cardinal del conjunto rango:

$$\mathsf{card}\left(\mathsf{rango}(\mathcal{POS}_{b,n})\right) = b^n$$

Los sistemas de codificación numérica posicional limitados más frecuentemente usados van a tener una notación propia:

- $\mathcal{POS}_{2,n} = \mathcal{BIN}_n$: codificación binaria sobre n bits
- $\mathcal{POS}_{8,n} = \mathcal{OCT}_n$: codificación octal sobre n dígitos
- $\mathcal{POS}_{16,n} = \mathcal{HEX}_n$: codificación hexadecimal sobre n dígitos

La aritmética modular

La aritmética modular establece lo que se conoce como relación de congruencia entre dos números: se dice que dos números x e y se encuentran en la misma *clase de congruencia* módulo m, si ambos dejan el mismo resto al dividirlos entre m, es decir, si $x - y$ es múltiplo de m.

$$x \equiv y \pmod{m}$$

En el orden práctico esto significa que dos números en la misma clase de congruencia se representan por la misma cadena de dígitos. Por ejemplo, en un sistema binario de 4 bits, todos los números cuya diferencia sea el módulo son congruentes:

$$6 \equiv (6 + 16) \equiv (6 + 16 + 16) \equiv (6 - 16) \pmod{16}$$

$$6 \equiv 22 \equiv 38 \equiv -10 \pmod{16}$$

En general, dado un número $x \in \mathsf{rango}(\mathcal{BIN}_n)$ se cumple que sumando o restando cualquier múltiplo del módulo 2^n obtenemos un número congruente con x:

$$x \equiv (x + p \cdot 2^n) \equiv (x - p \cdot 2^n) \pmod{2^n} \text{ con } p \in \mathbb{N}$$

El efecto de las clases de congruencia se pone de manifiesto en la aritmética modular. Así, la suma y la resta alcanzan resultados correctos recorriendo el espacio de representación en ambos sentidos de giro: sumar un valor es lo mismo que restar el *complemento al módulo* de ese valor, y restar un valor es lo mismo que sumar el *complemento al módulo* de ese valor. Formalmente:

$$x + y \equiv x - (b^n - y) \equiv x + y - b^n \pmod{b^n}$$

$$x - y \equiv x + (b^n - y) \equiv x - y + b^n \pmod{b^n}$$

donde $b^n - y$ es el complemento al módulo de y, es decir, lo que le falta a y para igualar al módulo.

El operador *TAMAÑO*

Estamos interesados en conocer la cantidad de dígitos requerida para representar un valor V en un sistema posicional de base b. Por simplicidad, vamos a considerar que V es un número natural ($V \in \mathbb{N}$), pues ya hemos visto (cf. 2.1.1) que si tuviera parte fraccionaria, ésta podría tratarse como un simple factor de escala.

El operador $\mathit{TAM}(V, b) \in \mathbb{N}$, con $V \in \mathbb{N}$ un valor numérico y $b \in \mathbb{N}$ la base de un sistema posicional no limitado, devuelve:

$$\mathit{TAM}(V, b) = \lfloor \log_b V \rfloor + 1$$

A continuación podemos ver unos ejemplos:

operador		valor devuelto	codificación
$\mathit{TAM}(345, 10)$	$=$	$\lfloor \log_{10} 345 \rfloor + 1 = 3$	345_{10}
$\mathit{TAM}(1\,000, 10)$	$=$	$\lfloor \log_{10} 1\,000 \rfloor + 1 = 4$	$1\,000_{10}$
$\mathit{TAM}(7, 2)$	$=$	$\lfloor \log_2 7 \rfloor + 1 = 3$	111_2
$\mathit{TAM}(8, 2)$	$=$	$\lfloor \log_2 8 \rfloor + 1 = 4$	1000_2
$\mathit{TAM}(1\,213, 2)$	$=$	$\lfloor \log_2 1\,213 \rfloor + 1 = 11$	$100\,1011\,1101_2$
$\mathit{TAM}(1\,213, 16)$	$=$	$\lfloor \log_{16} 1\,213 \rfloor + 1 = 3$	$4\,\mathsf{BD}_{16}$

Apoyándonos en el operador *TAM* determinamos si un valor $V \in \mathbb{N}$ va a pertenecer o no al rango de un sistema posicional limitado $\mathcal{POS}_{b,n}$. Además, cuando no pertenece decimos que se produce desbordamiento. Si asumimos que dicho desbordamiento se indica mediante la señal d podemos relacionarlo todo de la siguiente forma:

$$\text{si } \mathit{TAM}(V, b) \leq n \text{ entonces } V \in \mathsf{rango}(\mathcal{POS}_{b,n}) \text{ y } \mathsf{d} = 0$$

$$\text{si } \mathit{TAM}(V, b) > n \text{ entonces } V \notin \mathsf{rango}(\mathcal{POS}_{b,n}) \text{ y } \mathsf{d} = 1$$

Ejemplo 2.5 Dado un sistema posicional de base 8 sobre 4 dígitos ($\mathcal{OCT}_4$) determinemos si los valores 3 256, 4 095 y 5 750 están en el rango.

Solución Aplicando la definición del operador *TAM* tenemos:

$\mathit{TAM}(3\,256, 8) = \lfloor \log_8 3\,256 \rfloor + 1 = 4 \rightarrow \mathsf{d} = 0 \rightarrow 62\,70_{8,4}$
$\mathit{TAM}(4\,095, 8) = \lfloor \log_8 4\,095 \rfloor + 1 = 4 \rightarrow \mathsf{d} = 0 \rightarrow 77\,77_{8,4}$
$\mathit{TAM}(5\,750, 8) = \lfloor \log_8 5\,750 \rfloor + 1 = 5 \rightarrow \mathsf{d} = 1 \rightarrow 31\,66_{8,4}$

El operador *TAM* nos invita a hacer alguna consideración acerca del coste de almacenamiento de la información en función de la base b del sistema posicional que usemos. Recordemos primero la siguiente relación:

$$\log_b x = \frac{\log_a x}{\log_a b}$$

Esto significa que la misma información se codifica en un sistema de base a con un coste de almacenamiento $\log_a b$ veces el coste en el sistema de base b. A modo de ejemplo, la relación entre el sistema binario y el decimal es:

$$\log_2 x = \frac{1}{\log_{10} 2} \cdot \log_{10} x = 3{,}322 \cdot \log_{10} x$$

es decir, el coste en base 2 es 3,322 veces mayor que en base 10. Y la relación entre binario y hexadecimal:

$$\log_2 x = \frac{1}{\log_{16} 2} \cdot \log_{16} x = 4 \cdot \log_{16} x$$

esto es, el coste en base 2 es 4 veces mayor que en base 16.

En definitiva, cuanto mayor es la base del sistema de codificación menor es el coste de almacenamiento. Es inmediato concluir que si fuéramos capaces de procesar información con operadores para bases superiores a 2 reduciríamos el tamaño del computador y aceleraríamos la computación de manera intrínseca.

2.1.3 Representación de naturales

La codificación binaria de números naturales –números sin signo o binario puro– es la nativa del computador y sobre la que se basa la representación del resto de tipos numéricos y otros conjuntos. Veremos ahora sus operadores de codificación de decodificación.

En general, un operador de codificación devuelve la representación $\mathsf{V}_{b,n}$ de un valor $V \in \mathbb{N}$ en un sistema de base b sobre n dígitos más un indicador que señala si se ha producido desbordamiento o no.

El operador $\mathit{BIN}(V,n) \in \mathcal{BIN}_n$, siendo $V \in \mathbb{N}$ un valor numérico y $b = 2$ la base de un sistema posicional limitado a n bits, devuelve:

$$\mathit{BIN}(V,n) = \begin{cases} \mathsf{V}_{2,n} \in \mathcal{BIN}_n \\ \mathsf{d} = 0 \ \text{ si } \ \mathit{TAM}(V,2) \leq n \\ \mathsf{d} = 1 \ \text{ si } \ \mathit{TAM}(V,2) > n \end{cases}$$

Alternativamente, podemos formalizar la definición así:

$$\mathit{BIN}(V,n) = \begin{cases} \mathsf{V}_{2,n} \in \mathcal{BIN}_n \\ \mathsf{d} = 0 \ \text{ si } \ V \in \mathsf{rango}(\mathcal{BIN}_n) \\ \mathsf{d} = 1 \ \text{ si } \ V \notin \mathsf{rango}(\mathcal{BIN}_n) \end{cases}$$

En la práctica, el operador *BIN* emplea el algoritmo de codificación de la parte entera (cf. 2.1.1) ligeramente modificado para que rellene con ceros, si es el caso, los bits de mayor peso no utilizados, e indique el desbordamiento. A continuación se ofrece un posible pseudocódigo que lleva a cabo estas tareas para cualquier base:

```
Función codificar_e_indicar_des(V, b, n)
  // Vbn=(x[n-1], ... ,x[0]): codificación
  // d: indicador de desbordamiento
  x[n]; d:=0; q:=V; i:=0;
  Mientras i<=n Hacer
    x(i):=q mod b;
    q:=q/b;
  FinMientras
  Si q<>0 Entonces
    d:=1;
  FinSi
  Escribir Vbn;
  Escribir d;
FinFunción
```

Nótese que al fijar el número de iteraciones a n (tamaño de la representación) conseguimos de manera automática tanto rellenar con ceros como truncar, según sea necesario. Una vez finalizado el bucle de codificación tendremos desbordamiento siempre que el último cociente sea distinto de cero.

A continuación se proponen algunos ejemplos:

$$\begin{array}{rcll} \mathit{BIN}(36,8) & = & 0010\,0100_{2,8} & \mathsf{d}=0 \\ \mathit{BIN}(44,8) & = & 0010\,1100_{2,8} & \mathsf{d}=0 \\ \mathit{BIN}(300,8) & = & 0010\,1100_{2,8} & \mathsf{d}=1 \\ \mathit{BIN}(556,8) & = & 0010\,1100_{2,8} & \mathsf{d}=1 \end{array}$$

La limitación del espacio de representación provoca que diferentes valores numéricos puedan compartir codificación. Tal es el caso de *BIN*(44, 8), *BIN*(300, 8) y *BIN*(556, 8) como vemos. Siendo precisos hemos de indicar que los valores 44, 300 y 556 pertenecen a la misma clase de congruencia módulo 2^8 tal y como establece la aritmética modular.

$$44 \equiv 300 \equiv 556 \;(\mathsf{mod}\ 2^8)$$

La figura ofrece una representación gráfica del rango (valor) frente a los códigos (representación), que manifiesta su linealidad sin discontinuidades. En concreto, puesto que módulo es $\mathsf{mod}(\mathcal{BIN}_n) = 2^n$, el rango de representación queda $\mathsf{rango}(\mathcal{BIN}_n) = [0, 2^n - 1]$.

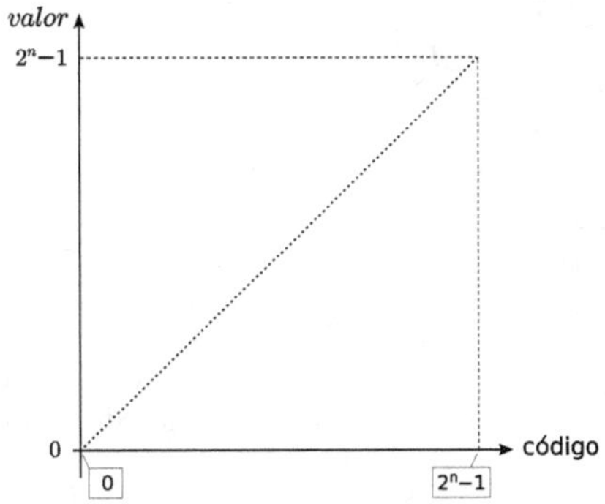

Figura 2.1 Rango de representación en $\mathcal{BIN}_n$.

Veamos ahora el operador de decodificación. Dada una representación necesitamos un instrumento que nos permita interpretar el valor V asociado a dicha representación. Cada operador de decodificación presume un sistema de representación, de manera que si la cadena de dígitos que se le pasa no es válida en ese sistema, devolverá un $NULL$ y/o una señal de error. El operador *VAL-BIN* procura encontrar un valor $V \in \mathbb{N}$ aplicando el teorema fundamental de la numeración a una representación que se interpreta como posicional de base $b = 2$ sobre n bits, esto es, $\mathsf{V}_{2,n}$. Si no puede, devuelve $NULL$ y marca el error. Por definición, el operador *VAL-BIN*($V_{2,n}$) devuelve:

$$\mathit{VAL\text{-}BIN}(\mathsf{V}_{2,n}) = \begin{cases} V = \sum_{i=0}^{n-1} d_i \cdot 2^i \in \mathbb{N} \\ \text{con } \mathsf{error} = 0 \text{ si } \mathsf{V}_{2,n} \in \mathcal{BIN}_n \\ \\ NULL \\ \text{con } \mathsf{error} = 1 \text{ si } \mathsf{V}_{2,n} \notin \mathcal{BIN}_n \end{cases}$$

A continuación se proponen algunos ejemplos, entre los que se han incluido operadores de decodificación en otras bases:

$$\begin{array}{rcll} \mathit{VAL\text{-}BIN}(0010\,0100_{2,8}) & = & 36 & \mathsf{error}=0 \\ \mathit{VAL\text{-}OCT}(00\,10\,01\,00_{8,8}) & = & 32\,832 & \mathsf{error}=0 \\ \mathit{VAL\text{-}HEX}(00\,10\,01\,00_{16,8}) & = & 1\,048\,832 & \mathsf{error}=0 \\ \mathit{VAL\text{-}BIN}(0000\,0044_{2,8}) & = & NULL & \mathsf{error}=1 \\ \mathit{VAL\text{-}OCT}(00\,00\,00\,44_{8,8}) & = & 36 & \mathsf{error}=0 \\ \mathit{VAL\text{-}HEX}(00\,00\,00\,44_{16,8}) & = & 68 & \mathsf{error}=0 \end{array}$$

Observe que la misma cadena de símbolos admite diferentes interpretaciones siempre que se cumpla que dichos símbolos pertenecen al conjunto $\mathcal{S}$ propio del operador. Es el caso de los tres primeros ejemplos. El cuarto, en cambio, se intenta decodificar como binario, pero el símbolo **4** no lo es, por lo que se produce error.

A continuación se ofrece el pseudocódigo que lleva a cabo el cálculo del valor en representaciones de números naturales en cualquier base:

```
Función valor_natural_base_b(Vbn)
  // V: valor
  // error: indicador de error
  V:=0; error:=0; peso:=1; i:=0;
  Mientras i<=n Hacer
    Si x(i)>=b Entonces
      error:=1;
      V:=-1;          // -1 código NULL
      Ir a salir;
    FinSi
    V:=V+x(i)*peso;
    peso:=peso*b;
  FinMientras
salir:
  Escribir V;
  Escribir error;
FinFunción
```

Véase que el operador de decodificación no requiere como entrada el tamaño de la cadena de dígitos, ya que lo deduce del tamaño n de la propia cadena.

Ejemplo 2.6 Determinemos la codificación del valor 47 en binario sobre 6 bits. Una vez obtenida, decodifiquemos el valor de dicha representación interpretándolo como binario o como hexadecimal.

Solución Aplicando la definición del operador *BIN* tenemos:

$\mathit{BIN}(47, 6) = 10\,1111_{2,6} \quad \mathsf{d} = 0$

Para decodificar como binario aplicamos el operador *VAL-BIN*:

$\mathit{VAL\text{-}BIN}(10\,1111_{2,6}) = 47 \quad \mathsf{error} = 0$

Y para decodificar como hexadecimal aplicamos el operador *VAL-HEX*:

$\mathit{VAL\text{-}HEX}(10\,1111_{16,6}) = 1\,052\,945 \quad \mathsf{error} = 0$

Ejemplo 2.7 Determinemos primero la codificación del valor 28 en binario sobre 4 bits y decodifiquemos después ese resultado como binario.

Solución Aplicando la definición del operador *BIN* tenemos:

$\mathit{BIN}(28, 4) = 1100_{2,4} \quad \mathsf{d} = 1$

Para decodificar como binario aplicamos el operador *VAL-BIN*:

$\mathit{VAL\text{-}BIN}(1100_{2,4}) = 12 \quad \mathsf{error} = 0$

Como ilustra la figura, ambos operadores tiene funciones recíprocas. No obstante, en la práctica, ¿quién hace las funciones de *BIN* y de *VAL-BIN*? En tiempo de edición, se encargan las herramientas de desarrollo, mientras que en tiempo de ejecución, son tareas encomendadas a los servicios del sistema operativo, previa solicitud del proceso en curso. Por ejemplo, si trabajamos con la biblioteca estándar de tiempo

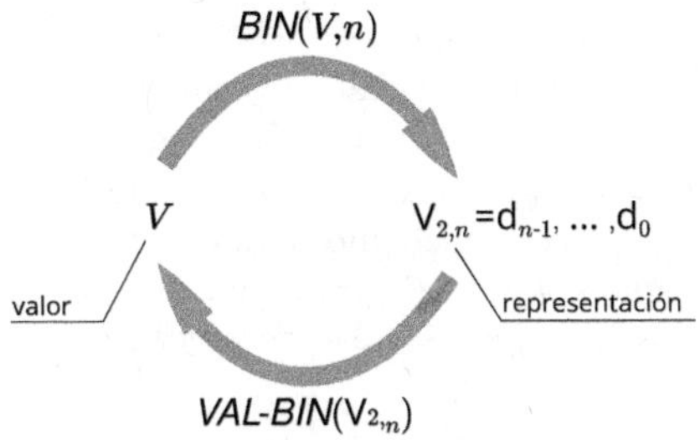

Figura 2.2 Operadores binarios *BIN* y *VAL-BIN*.

de ejecución del lenguaje C, **glibc**, la entrada con formato es responsabilidad de la función **scanf()**, que hace las funciones del operador *BIN*, mientras que la salida con formato es tarea de **printf()**, que hace las funciones del operador *VAL-BIN*.

2.2 Representación de enteros

La operación de resta está parcialmente definida en $\mathbb{N}$ ya que la diferencia de dos números naturales no puede ser negativa. De ahí surge la necesidad de definir los números negativos y establecer los números enteros ($\mathbb{Z}$).

Definimos cada número negativo como el resultado de la resta $0 - y$ con $y \in \mathbb{N}$ obteniendo el subconjunto de los enteros negativos $\mathbb{Z}^- = \{-1, -2, -3, \cdots\}$. De este modo, en $\mathbb{Z}$ queda completamente definida la resta: $x - y = d$ con $x, y, d \in \mathbb{Z}$ tal que $x = d + y$, siendo posible que d represente una deuda o valor negativo.

Vemos que restar es equivalente a sumar el negativo y se cumple que si $z \in \mathbb{Z}$ entonces $0 - z = (-z)$ y $z + (-z) = 0$.

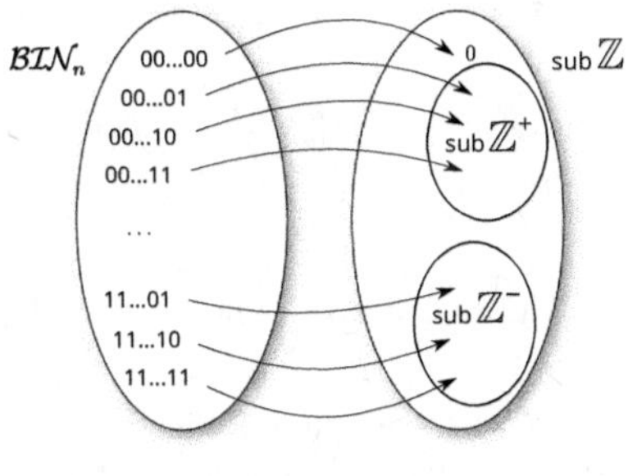

Figura 2.3 Aplicación de $\mathcal{BIN}_n$ a un conjunto de enteros.

En un computador contamos con tres tipos de representaciones para los enteros:

- Signo-magnitud
- Sistemas complementarios
- Exceso a M

2.2.1 Signo-magnitud

La codificación de enteros más sencilla consiste en utilizar el binario puro más un símbolo adicional que indique el signo. Así, es inmediato extender el teorema fundamental de la numeración para que tenga en cuenta el signo:

$$Z = (-1)^s \sum_{i=0}^{n-1} d_i \cdot b^i \quad \text{con } s \in \{0, 1\}$$

Este sistema de representación se conoce como *signo-magnitud* y es el habitual cuando trabajamos con "lápiz y papel". La aritmética en signo-magnitud requiere prestar atención por un lado a las magnitudes y por otra a los signos.

Particularizando en el caso del computador, de los n bits del espacio de representación, reservamos uno para el signo (s) y el resto ($n-1$) para la magnitud. Lo normal es que el *bit de signo* s ocupe el lugar del mayor peso (2^{n-1}) de la codificación posicional aunque no es indispensable[4].

$$\mathsf{Z}_{SM,n} = \mathsf{s} \quad \mathsf{d}_{n-2} \cdots \mathsf{d}_0$$

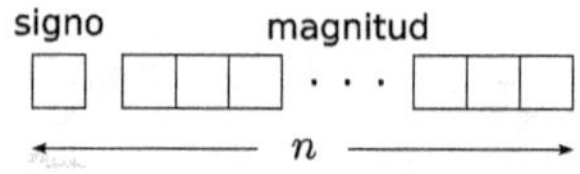

Figura 2.4 Campos de la representación en signo-magnitud.

La figura 2.5 muestra la aplicación que hace corresponder el conjunto $\mathcal{BIN}_n$ con el conjunto $\mathsf{rango}(\mathcal{SM}_n) \in \mathbb{Z}$, y la gráfica del rango frente a los códigos, que comprobamos que es simétrico, cuenta con 2 representaciones para el 0 (+0 y −0) y tiene una discontinuidad en el paso de valores positivos a negativos.

$$\mathsf{rango}(\mathcal{SM}_n) = [-(2^{n-1}-1), 2^{n-1}-1]$$

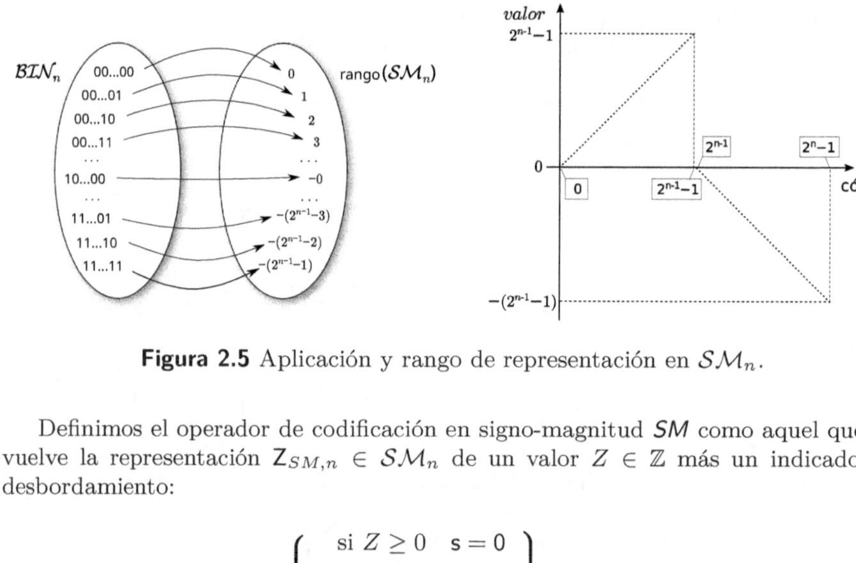

Figura 2.5 Aplicación y rango de representación en $\mathcal{SM}_n$.

Definimos el operador de codificación en signo-magnitud *SM* como aquel que devuelve la representación $\mathsf{Z}_{SM,n} \in \mathcal{SM}_n$ de un valor $Z \in \mathbb{Z}$ más un indicador de desbordamiento:

$$\mathit{SM}(Z,n) = \begin{cases} \left.\begin{array}{l} \text{si } Z \geq 0 \quad \mathsf{s} = 0 \\ \text{si } Z < 0 \quad \mathsf{s} = 1 \\ \mathit{BIN}(|Z|, n-1) \end{array}\right\} = \mathsf{Z}_{SM,n} \in \mathcal{SM}_n \\ \\ \mathsf{d} = 0 \ \text{ si } \ Z \in \mathsf{rango}(\mathcal{SM}_n) \\ \mathsf{d} = 1 \ \text{ si } \ Z \notin \mathsf{rango}(\mathcal{SM}_n) \end{cases}$$

El operador *VAL-SM* devuelve el valor $Z \in \mathsf{rango}(\mathcal{SM}_n)$ codificado por $\mathsf{Z}_{SM,n} \in \mathcal{SM}_n$ aplicando el teorema fundamental de la numeración extendido al signo que hemos visto anteriormente. Si $\mathsf{Z}_{SM,n} \notin \mathcal{SM}_n$, devuelve *NULL* y marca el error:

[4] El bit de mayor peso se conoce como MSB por sus siglas en inglés *Most Significant Bit* de la misma forma que el de menor peso se conoce por LSB de *Least Significant Bit*.

$$\textit{VAL-SM}(\mathsf{Z}_{SM,n}) = \begin{cases} Z = (-1)^s \sum_{i=0}^{n-2} d_i \cdot 2^i \in \mathbb{Z} \\ \text{con } \mathsf{error} = 0 \text{ si } \mathsf{Z}_{SM,n} \in \mathcal{SM}_n \\ NULL \\ \text{con } \mathsf{error} = 1 \text{ si } \mathsf{Z}_{SM,n} \notin \mathcal{SM}_n \end{cases}$$

$(-1)^s \equiv (1-2s)$

La doble representación del 0 provoca que esta aplicación no sea biunívoca y haya que prevenir el caso de los resultados que caen en el -0 al operar. Este sistema facilita la comparación, el producto y la división, ya que la inspección de signo y valor absoluto van en campos separados, mientras que dificulta las operaciones de suma y resta.

2.2.2 Sistemas complementarios

En un sistema modular, el complemento al módulo m de un número x es lo que le falta a x para ser el módulo, es decir, $m - x$. Se cumple que:

$$x + (m - x) \equiv m \equiv 0 \pmod{m}$$

En un sistema posicional de base b y tamaño n dígitos, el módulo m es igual a b^n, está en la clase de congruencia del 0 y se codifica con n dígitos $\mathsf{0} \in \mathcal{S}$. El complemento al módulo se conoce también como *complemento a la base.*

Se propone ahora un nuevo complemento. El *complemento restringido al módulo* definido así:

$$m - 1 - x$$

En este caso, se cumple:

$$x + (m - 1 - x) \equiv m - 1 \equiv -0 \pmod{m-1}$$

En un sistema posicional de base b y tamaño n dígitos, el módulo $m - 1$ es igual a $b^n - 1$, está en la clase de congruencia del -0 y se codifica con n dígitos b - $\mathsf{1} \in \mathcal{S}$. Obsérvese que la representación del 0 es doble y que conviven dos módulos: el módulo b^n se identifica con el $+0$ y el módulo $b^n - 1$ con -0. El complemento restringido al módulo se conoce también como *complemento restringido a la base.*

¿Cómo se concreta todo esto en el computador? El complemento a la base es el *complemento a dos* y cumple:

$$\textit{BIN}(V, n) + \textit{BIN}(2^n - V, n) = \textit{BIN}(2^n, n) = \textit{BIN}(0, n)$$

La suma de la representación de V con la representación de su complemento a dos produce la representación del 0. Análogamente, el complemento restringido a la base en un computador es el *complemento a uno* y cumple:

$$\textit{BIN}(V, n) + \textit{BIN}(2^n - 1 - V, n) = \textit{BIN}(2^n - 1, n) = \textit{BIN}(-0, n)$$

La suma de la representación de V con la representación de su complemento a uno, produce la representación del -0.

Este comportamiento de los complementos se puede utilizar para la representación de enteros. Ya hemos dicho que si $z \in \mathbb{Z}$ entonces $z + (-z) = 0$, pero esto es lo mismo que sucede con la suma de un número y su complemento en un sistema modular. Este método garantiza que las operaciones sobre las codificaciones den la representación del 0 cuando así corresponda operando sobre sus valores.

Complemento a dos

Este sistema utiliza el complemento a la base para construir la aplicación que formaliza la codificación: tomamos la mitad de las representaciones para aplicarlas a valores positivos y la mitad formada por los complementos a dos de aquellas para aplicarlas a valores negativos.

Definimos la aplicación del conjunto $\mathcal{BIN}_n$ en el conjunto rango($\mathcal{C2}_n$) tomando los códigos que comienzan por 0 (MSB = 0) como representaciones de los enteros positivos $\mathbb{Z}^+$ mediante una correspondencia directa entre código y valor, y los códigos que comienzan por 1 (MSB = 1) como representaciones de los enteros negativos $\mathbb{Z}^-$ cuya aplicación cumple que el valor representado es el negativo del complemento a dos del valor de la codificación.

$$\text{rango}(\mathcal{C2}_n) = [-2^{n-1}, 2^{n-1} - 1]$$

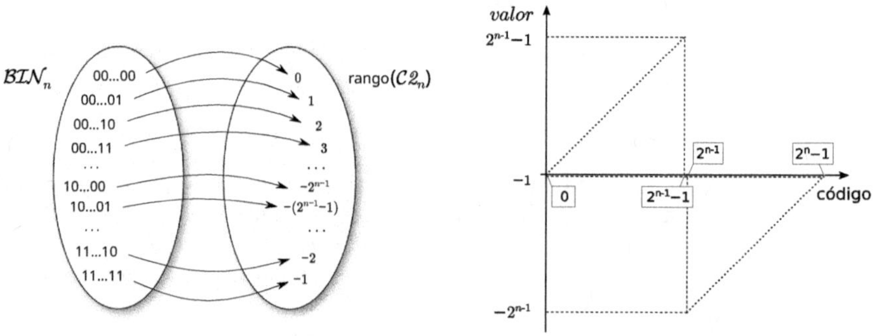

Figura 2.6 Aplicación y rango de representación en $\mathcal{C2}_n$.

Como vemos, el rango de representación en complemento a dos no es simétrico y cuenta con un única representación del valor 0 con todos los bits a $0 \in \mathcal{S}$. Estamos ante una aplicación biunívoca. Obsérvese que se produce una discontinuidad al pasar de valores positivos a negativos de manera similar a lo que ocurre con las representaciones en signo-magnitud.

Por otra parte, téngase en cuenta que el bit más significativo (MSB) *indica* el signo, pero no es el bit de signo (como sucede en signo-magnitud), ya que codifica valor también.

Definimos el operador de codificación en complemento a dos *C2* como aquel que devuelve la representación $Z_{C2,n} \in \mathcal{C2}_n$ de un valor $Z \in \mathbb{Z}$ más un indicador de desbordamiento:

$$C2(Z,n) = \begin{cases} \left.\begin{array}{ll} \text{si } Z \geq 0 & BIN(Z,n) \\ \text{si } Z < 0 & BIN(2^n - |Z|, n) \end{array}\right\} = Z_{C2,n} \in \mathcal{C2}_n \\ \\ \text{d} = 0 \text{ si } Z \in \text{rango}(\mathcal{C2}_n) \\ \text{d} = 1 \text{ si } Z \notin \text{rango}(\mathcal{C2}_n) \end{cases}$$

También podemos definir el operador *C2* sin hacer distinción de signo:

$$C2(Z,n) = \begin{cases} BIN(2^n + Z, n) = Z_{C2,n} \in \mathcal{C2}_n \\ \\ \text{des} = 0 \text{ si } Z \in \text{rango}(\mathcal{C2}_n) \\ \text{des} = 1 \text{ si } Z \notin \text{rango}(\mathcal{C2}_n) \end{cases}$$

El operador de decodificación *VAL-C2* devuelve el valor $Z \in \mathsf{rango}(\mathcal{C2}_n)$ codificado por $\mathsf{Z}_{C2,n} \in \mathcal{C2}_n$ o $NULL$ y marca el error si $\mathsf{Z}_{C2,n} \notin \mathcal{C2}_n$, de acuerdo a la definición siguiente:

$$\textit{VAL-C2}(\mathsf{Z}_{C2,n}) = \begin{cases} Z = \sum_{i=0}^{n-2} d_i \cdot 2^i - d_{n-1} \cdot 2^{n-1} \in \mathbb{Z} \\ \text{con } \mathsf{error} = 0 \;\; \text{si } \mathsf{Z}_{C2,n} \in \mathcal{C2}_n \\ \\ NULL \\ \text{con } \mathsf{error} = 1 \;\; \text{si } \mathsf{Z}_{C2,n} \notin \mathcal{C2}_n \end{cases}$$

Complemento a uno

Ahora utilizamos el complemento restringido a la base para construir la aplicación: tomamos la mitad de las representaciones para aplicarlas a valores positivos y la mitad formada por los complementos a uno de aquellas para aplicarlas a valores negativos.

Definimos la aplicación del conjunto $\mathcal{BIN}_n$ en el conjunto $\mathsf{rango}(\mathcal{C1}_n)$ tomando los códigos que comienzan por 0 (MSB = 0) como representaciones de los enteros positivos $\mathbb{Z}^+$ mediante una correspondencia directa entre código y valor, y los códigos que comienzan por 1 (MSB = 1) como representaciones de los enteros negativos $\mathbb{Z}^-$ cuya aplicación cumple que el valor representado es el negativo del complemento a uno del valor de la codificación.

$$\mathsf{rango}(\mathcal{C1}_n) = [-(2^{n-1} - 1), 2^{n-1} - 1]$$

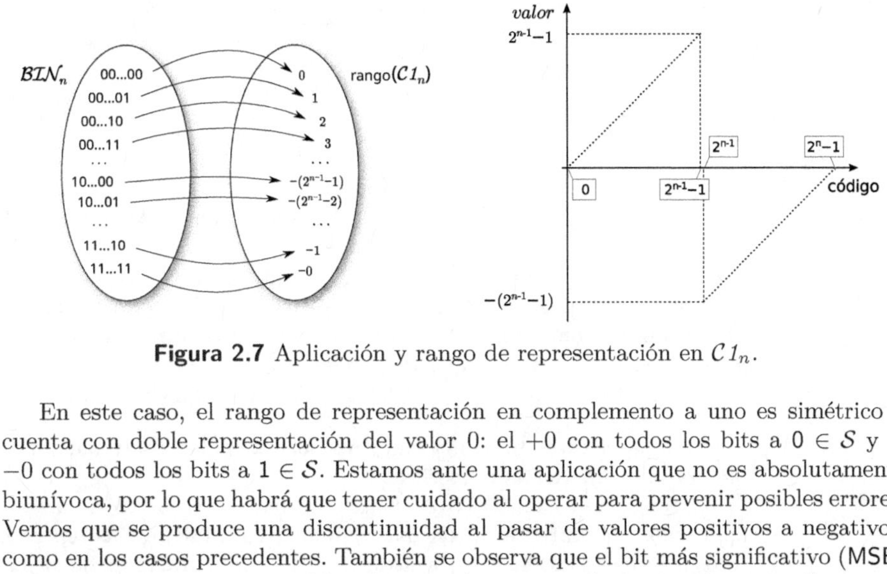

Figura 2.7 Aplicación y rango de representación en $\mathcal{C1}_n$.

En este caso, el rango de representación en complemento a uno es simétrico y cuenta con doble representación del valor 0: el +0 con todos los bits a $0 \in \mathcal{S}$ y el −0 con todos los bits a $1 \in \mathcal{S}$. Estamos ante una aplicación que no es absolutamente biunívoca, por lo que habrá que tener cuidado al operar para prevenir posibles errores. Vemos que se produce una discontinuidad al pasar de valores positivos a negativos, como en los casos precedentes. También se observa que el bit más significativo (MSB) *indica* el signo, pero no es el bit de signo (como sucede en signo-magnitud), ya que codifica valor.

Definimos el operador de codificación en complemento a uno *C1* como aquel que devuelve la representación $\mathsf{Z}_{C1,n} \in \mathcal{C1}_n$ de un valor $Z \in \mathbb{Z}$ más un indicador de desbordamiento:

$$\textit{C1}(Z,n) = \begin{cases} \left.\begin{array}{ll} \text{si } Z \geq 0 & \textit{BIN}(Z,n) \\ \text{si } Z < 0 & \textit{BIN}(2^n - 1 - |Z|, n) \end{array}\right\} = \mathsf{Z}_{C1,n} \in \mathcal{C1}_n \\ \\ \mathsf{d} = 0 \;\; \text{si } Z \in \mathsf{rango}(\mathcal{C1}_n) \\ \mathsf{d} = 1 \;\; \text{si } Z \notin \mathsf{rango}(\mathcal{C1}_n) \end{cases}$$

El operador de decodificación *VAL-C1* devuelve el valor $Z \in \text{rango}(\mathcal{C}1_n)$ codificado por $Z_{C1,n} \in \mathcal{C}1_n$ o $NULL$ y marca el error si $Z_{C1,n} \notin \mathcal{C}1_n$, de acuerdo a la definición siguiente:

$$\textit{VAL-C1}(Z_{C1,n}) = \begin{cases} Z = \sum_{i=0}^{n-2} d_i \cdot 2^i - d_{n-1} \cdot 2^{n-1} + d_{n-1} \in \mathbb{Z} \\ \text{con error} = 0 \ \text{ si } Z_{C1,n} \in \mathcal{C}1_n \\ NULL \\ \text{con error} = 1 \ \text{ si } Z_{C1,n} \notin \mathcal{C}1_n \end{cases}$$

2.2.3 Exceso a M

La representación en *exceso a M* consiste en hacer corresponder los códigos del conjunto origen $\mathcal{BIN}_n$ con los valores binarios representados disminuidos en el valor M, que es arbitrario aunque normalmente se elige de forma que simplifique la aritmética. Así, la aplicación del rango en exceso a M es una función afín con ordenada en el origen de valor $-M$, como vemos en la figura.

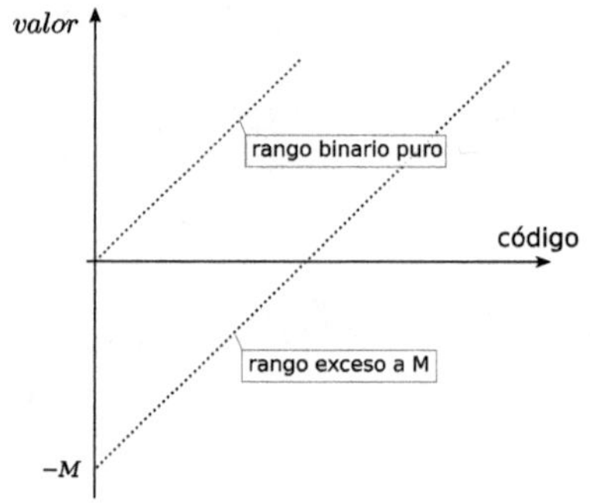

Figura 2.8 Rango de representación en exceso a M.

Un valor muy común de M es 2^{n-1} que da lugar a un rango idéntico al del complemento a dos, pero continuo y creciente con la codificación. Así, definimos la aplicación del conjunto $\mathcal{BIN}_n$ en el conjunto $\text{rango}(\mathcal{EX}2^{n\text{-}1}{}_n)$ haciendo corresponder a cada código binario su valor disminuido en 2^{n-1}.

$$\text{rango}(\mathcal{EX}2^{n\text{-}1}{}_n) = [-2^{n-1}, 2^{n-1} - 1]$$

El hecho de presentar una función valor *vs.* código continua, sin discontinuidades, facilita la comparación numérica.

El rango no es simétrico y cuenta con una representación para el 0 por lo que la aplicación es biunívoca. El bit más significativo (MSB) de las representaciones de enteros positivos siempre es 1 mientras que las representaciones de los negativos siempre comienzan por 0, al contrario de lo que sucedía en las representaciones complementarias. No obstante, como en aquellas, el bit más significativo (MSB) *indica* el signo pero no es el bit de signo ya que codifica valor también.

El operador *EX2*$^{n\text{-}1}$ que codifica en exceso a 2^{n-1} se define como aquel que devuelve la representación $Z_{EX2^{n\text{-}1},n} \in \mathcal{EX}2^{n\text{-}1}{}_n$ de un valor $Z \in \mathbb{Z}$ más un indicador de desbordamiento:

$$\textit{EX2}^{n\text{-}1}(Z, n) = \begin{cases} \textit{BIN}(Z + 2^{n-1}, n) = Z_{EX2^{n\text{-}1},n} \in \mathcal{EX}2^{n\text{-}1}{}_n \\ \text{d} = 0 \ \text{ si } \ Z \in \text{rango}(\mathcal{EX}2^{n\text{-}1}{}_n) \\ \text{d} = 1 \ \text{ si } \ Z \notin \text{rango}(\mathcal{EX}2^{n\text{-}1}{}_n) \end{cases}$$

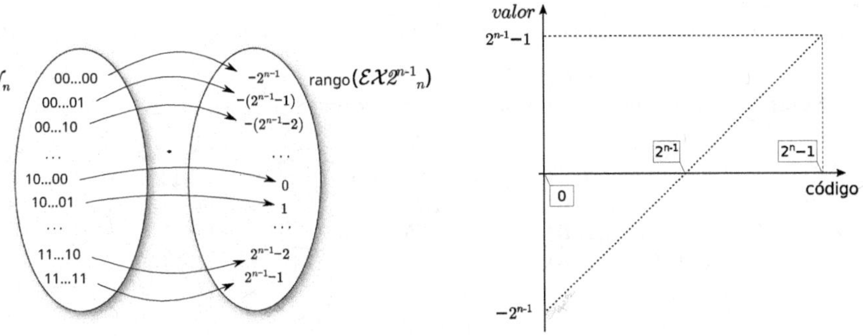

Figura 2.9 Aplicación y rango de representación en $\mathcal{EX}2^{n\text{-}1}{}_n$.

El operador de decodificación *VAL-EX2*$^{n\text{-}1}$ devuelve el valor $Z \in$ rango($\mathcal{EX}2^{n\text{-}1}{}_n$) codificado por $\mathsf{Z}_{EX2^{n\text{-}1},n} \in \mathcal{EX}2^{n\text{-}1}{}_n$ de acuerdo a la definición siguiente:

$$\textit{VAL-EX2}^{n\text{-}1}(\mathsf{Z}_{EX2^{n\text{-}1},n}) = \begin{cases} Z = \sum_{i=0}^{n-2} d_i \cdot 2^i - \overline{d}_{n-1} \cdot 2^{n-1} \in \mathbb{Z} \\ \text{con error} = 0 \ \text{si} \ \mathsf{Z}_{EX2^{n\text{-}1},n} \in \mathcal{EX}2^{n\text{-}1}{}_n \\ NULL \\ \text{con error} = 1 \ \text{si} \ \mathsf{Z}_{EX2^{n\text{-}1},n} \notin \mathcal{EX}2^{n\text{-}1}{}_n \end{cases}$$

2.2.4 Juntando todo

El siguiente cuadro reúne la función de codificación, el rango y la decodificación para todos los sistemas de representación vistos hasta el momento, desde el binario puro a la codificación de números enteros.

Cuadro 2.1 Sistemas de representación de $\mathbb{N}$ y $\mathbb{Z}$.

sistema	signo	codificación	rango	valor
$\mathcal{BIN}_n$	—	*BIN*(V, n)	$[0, 2^n - 1]$	$\sum_{i=0}^{n-1} d_i \cdot 2^i$
$\mathcal{SM}_n$	$Z \geq 0$ s=0 $Z < 0$ s=1	*BIN*$(\lvert Z \rvert, n-1)$	$[-(2^{n-1} - 1), 2^{n-1} - 1]$	$(-1)^s \sum_{i=0}^{n-2} d_i \cdot 2^i$
$\mathcal{C}2_n$	$Z \geq 0$ $Z < 0$	*BIN*(Z, n) *BIN*$(2^n - \lvert Z \rvert, n)$	$[-2^{n-1}, 2^{n-1} - 1]$	$\sum_{i=0}^{n-2} d_i \cdot 2^i - d_{n-1} \cdot 2^{n-1}$
$\mathcal{C}1_n$	$Z \geq 0$ $Z < 0$	*BIN*(Z, n) *BIN*$(2^n - 1 - \lvert Z \rvert, n)$	$[-(2^{n-1} - 1), 2^{n-1} - 1]$	$\sum_{i=0}^{n-2} d_i \cdot 2^i - d_{n-1} \cdot 2^{n-1} + d_{n-1}$
$\mathcal{EX}2^{n\text{-}1}{}_n$	$Z \geq 0$ $Z < 0$	*BIN*$(2^{n-1} + Z, n)$	$[-2^{n-1}, 2^{n-1} - 1]$	$\sum_{i=0}^{n-2} d_i \cdot 2^i - \overline{d}_{n-1} \cdot 2^{n-1}$

Ejemplo 2.8 Codifiquemos los valores 12 y -12 sobre 6 bits en todos los sistemas de representación definidos hasta el momento.

Solución Aplicando el operador de codificación para cada caso tenemos:

$$\begin{array}{rcccl} & & \mathit{BIN}(12,6) & = & 00\,1100_{2,6} \quad \mathsf{d}=0 \\ \mathit{SM}(12,6) & = & (\mathsf{s}=0)\mathit{BIN}(12,5) & = & 0\,0\,1100_{SM,6} \quad \mathsf{d}=0 \\ \mathit{C2}(12,6) & = & \mathit{BIN}(12,6) & = & 00\,1100_{C2,6} \quad \mathsf{d}=0 \\ \mathit{C1}(12,6) & = & \mathit{BIN}(12,6) & = & 00\,1100_{C1,6} \quad \mathsf{d}=0 \\ \mathit{EX2^{n\text{-}1}}(12,6) & = & \mathit{BIN}\left(2^5+12,6\right) & = & 10\,1100_{EX2^{n\text{-}1},6} \quad \mathsf{d}=0 \\ \mathit{SM}(-12,6) & = & (\mathsf{s}=1)\mathit{BIN}(12,5) & = & 1\,0\,1100_{SM,6} \quad \mathsf{d}=0 \\ \mathit{C2}(-12,6) & = & \mathit{BIN}\left(2^6-12,6\right) & = & 11\,0100_{C2,6} \quad \mathsf{d}=0 \\ \mathit{C1}(-12,6) & = & \mathit{BIN}\left(2^6-1-12,6\right) & = & 11\,0011_{C1,6} \quad \mathsf{d}=0 \\ \mathit{EX2^{n\text{-}1}}(-12,6) & = & \mathit{BIN}\left(2^5-12,6\right) & = & 01\,0100_{EX2^{n\text{-}1},6} \quad \mathsf{d}=0 \end{array}$$

Ejemplo 2.9 Interpretemos la cadena de bits **1101** en todos los sistemas de representación definidos hasta el momento.

Solución Aplicando el operador de decodificación para cada caso tenemos:

$$\begin{array}{rcccc} \mathit{VAL\text{-}BIN}(1101_{2,4}) & = & 2^0+2^2+2^3 & = & 13 \\ \mathit{VAL\text{-}SM}(1101_{SM,4}) & = & (-1)^1\cdot(2^0+2^2) & = & -5 \\ \mathit{VAL\text{-}C2}(1101_{C2,4}) & = & 2^0+2^2-1\cdot 2^3 & = & -3 \\ \mathit{VAL\text{-}C1}(1101_{C1,4}) & = & 2^0+2^2-1\cdot 2^3+1 & = & -2 \\ \mathit{VAL\text{-}EX2^{n\text{-}1}}(1101_{EX2^{n\text{-}1},4}) & = & 2^0+2^2-0\cdot 2^3 & = & 5 \end{array}$$

2.3 Otras representaciones

Además de la codificación nativa, el binario puro, y la representación de enteros, hemos de ser capaces de representar otros conjuntos de elementos: entre los numéricos, los reales o los BCD (*Binary-Coded Decimal*)[5]; y entre los no numéricos, los caracteres, colores, instrucciones, etc. Dada la naturaleza de este texto, no entraremos en profundidades, pero sí que describiremos sucintamente algunos de estos conjuntos, a la vez que animamos al lector a investigar por su cuenta sobre ellos.

2.3.1 Números reales

La codificación de números reales admite dos paradigmas: que la coma esté situada en una posición fija o que pueda desplazarse por toda la representación. El primero se conoce como *coma fija* y el segundo como *coma flotante*. No obstante, hoy en día la denominación "coma fija" se reserva para la representación de números enteros asumiendo que $q = 0$.

Coma fija

Tal y como señalamos al hablar de la codificación de racionales (cf. 2.1.1), un número real $R \in \mathbb{R}$ (siendo precisos, $R \in \mathbb{Q} \subset \mathbb{R}$) se codifica mediante una cadena:

$$\mathsf{d}_{p-1}\cdots\mathsf{d}_2\,\mathsf{d}_1\,\mathsf{d}_0\,,\,\mathsf{d}_{-1}\,\mathsf{d}_{-2}\cdots\mathsf{d}_{-q}$$

[5] El decimal codificado en binario consiste en representar los números en base 10 como una sucesión de cifras decimales (del 0 al 9) en base 2, esto es, cada cifra sobre un conjunto de cuatro bits que se conoce como *nibble* o cuarteto. Evidentemente, se desaprovecha espacio de representación y se complica el diseño de los operadores, pero la aritmética es decimal en todo momento.

con p dígitos en la parte entera $[R]$ y q dígitos en la parte fraccionaria $\{R\}$ tal que $n = p + q$, cuyo valor numérico es:

$$R = \sum_{i=-q}^{p-1} d_i \cdot 2^i = \sum_{i=0}^{p-1} d_i \cdot 2^i + \sum_{i=-q}^{-1} d_i \cdot 2^i = [R] + \{R\}$$

Y puesto que la posición de la coma en el bit q es implícita, podemos tomar la cadena de dígitos d_i como la representación de un entero y dividir entre 2^q:

$$\mathsf{d}_{n-1} \cdots \mathsf{d}_q \text{ , } \mathsf{d}_{q-1} \cdots \mathsf{d}_0 \qquad R = \frac{1}{2^q} \sum_{i=0}^{n-1} d_i \cdot 2^i$$

Para representar reales con signo podemos utilizar cualquiera de las codificaciones de números enteros, que es lo que hay en el numerador. Encontrar los operadores de codificación para cada caso es sencillo sabiendo que el racional a representar es $R = Z/2^q$, es decir, tomaremos el operador correspondiente y lo dividiremos entre 2^q. Por ejemplo, en signo-magnitud tendremos:

$$\begin{aligned} \mathit{SM}(R, n, q) = \frac{\mathit{SM}(Z, n)}{2^q} &= \frac{\mathit{BIN}(|Z|, n-1)}{2^q} = \\ &= \mathit{BIN}\left(\frac{|Z|}{2^q}, n-1, q\right) = \\ &= \mathit{BIN}(|R|, n-1, q) \text{ con } \mathsf{s} = 0 \text{ si } R \geq 0 \\ &\qquad\qquad\qquad\qquad \text{con } \mathsf{s} = 1 \text{ si } R < 0 \end{aligned}$$

Donde el operador $\mathit{BIN}(|R|, n-1, q)$ denota la representación binaria del valor absoluto $|R|$ sobre $n-1$ bits de los cuales q son fraccionarios.

Respecto a la decodificación, calculamos el valor de la representación como si fuera entera y dividimos entre 2^q:

$$\mathit{VAL\text{-}SM}(\mathsf{R}_{SM,n,q}) = R = \frac{(-1)^s}{2^q} \sum_{i=0}^{n-2} d_i \cdot 2^i$$

Cuyo rango de representación es:

$$\left[-\frac{2^{n-1}-1}{2^q}, \frac{2^{n-1}-1}{2^q} \right]$$

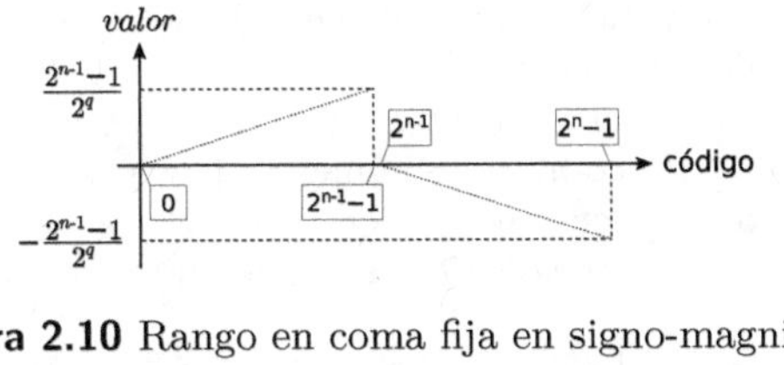

Figura 2.10 Rango en coma fija en signo-magnitud.

La forma de la gráfica valor *vs.* código es análoga a la de los enteros con la particularidad de que las pendientes de las rectas ahora valen 2^{-q} en valor absoluto, es decir, son mucho más tendidas, lo cual significa que agrupamos el conjunto de valores representables alrededor del 0.

La precisión es idéntica en todo el rango de representación e igual a 2^{-q}. Como ya dijimos, si el producto $Z \cdot 2^q$ (con $R = Z/2^q$) no deja parte fraccionaria ($\{Z \cdot 2^q\} = 0$), la codificación es exacta, mientras que en caso contrario ($\{Z \cdot 2^q\} \neq 0$), el error absoluto ϵ sera $\{Z \cdot 2^q\}/2^q$.

Ejemplo 2.10 Codifiquemos el valor 12,625 en coma fija y signo magnitud de tamaño $n = 8$ bits y $q = 3$ bits decimales.

Solución Encontramos la solución codificando la parte entera resultante de multiplicar el valor real por 2^q y colocando la coma en su peso. En este caso tendremos $12{,}625 \cdot 8 = 101{,}0$. Como el producto no tiene parte decimal la representación es exacta.

$$\mathsf{SM}\,(12{,}625, 8, 3) = \frac{1}{2^3}\mathsf{SM}\left(12{,}625 \cdot 2^3, 8\right) = \frac{1}{2^3}\mathsf{SM}\,(101, 8) = \mathsf{0\,1100{,}101}_{SM,8,3}$$

El cuadro 2.2 recopila la información tocante a la codificación de números reales en coma fija siendo n el tamaño de la representación y q el número de decimales. La decodificación se realiza calculando el valor de la representación como si fuera entero y dividiendo por el "peso de la coma" 2^q.

Cuadro 2.2 Sistemas de representación de $\mathbb{R}$ en coma fija.

sistema	signo		codificación	rango
$\mathcal{BIN}_n$	—		$\mathsf{BIN}(R, n, q)$	$[0, 2^{n-q} - 2^{-q}]$
$\mathcal{SM}_n$	$R \geq 0$	$\mathsf{s} = 0$	$\mathsf{BIN}(\lvert R\rvert, n-1, q)$	$[-(2^{n-q-1} - 2^{-q}),$ $2^{n-q-1} - 2^{-q}]$
	$R < 0$	$\mathsf{s} = 1$		
$\mathcal{C2}_n$	$R \geq 0$		$\mathsf{BIN}(R, n, q)$	$[-2^{n-q-1},$ $2^{n-q-1} - 2^{-q}]$
	$R < 0$		$\mathsf{BIN}(2^{n-q} - \lvert R\rvert, n, q)$	
$\mathcal{C1}_n$	$R \geq 0$		$\mathsf{BIN}(R, n, q)$	$[-(2^{n-q-1} - 2^{-q}),$ $2^{n-q-1} - 2^{-q}]$
	$R < 0$		$\mathsf{BIN}(2^{n-q} - 2^{-q} - \lvert R\rvert, n, q)$	
$\mathcal{EX}2^{n-1}{}_n$	$R \geq 0$		$\mathsf{BIN}(2^{n-q-1} + R, n, q)$	$[-2^{n-q-1},$ $2^{n-q-1} - 2^{-q}]$
	$R < 0$			

Coma flotante

Las representaciones en coma fija nos proporcionan un método sencillo para codificar valores pequeños alrededor del 0, pero no nos permiten la codificación de valores grandes. Para abordar este problema podemos observar cómo lo resuelve la *notación científica*, que codifica los números como combinación de un *coeficiente* (c), cuyo valor absoluto está comprendido entre 1 y 10, y un una potencia de 10 denominada *exponente* u *orden de magnitud* (e) que mueve la coma sobre el coeficiente. Formalmente:

$$R \in \mathbb{R} \quad \text{tal que} \quad R = c \times 10^e \quad \text{con} \quad |c| \in [1, 10) \quad \text{y} \quad e \in \mathbb{Z}$$

Este método posibilita representar números muy grandes y muy pequeños, ya que el exponente trabaja como factor de escala a modo de zoom.

Cuando llevamos el concepto de notación científica al formato de codificación de números reales en el computador hablamos de *coma flotante*, ya que el factor de escala del exponente actúa sobre la coma desplazándola a derecha e izquierda[6].

[6] Leonardo Torres Quevedo (1852 – 1936) fue un ingeniero español al que debemos la primera descripción de la aritmética en coma flotante.

Desde un punto de vista práctico, repartimos el tamaño de representación de n bits en dos campos: uno expresa un número real en coma fija M, y el otro expresa un exponente entero E sobre una base r haciendo de factor de escala. Formalmente:

$$R \in \mathbb{R} \quad \text{tal que} \quad R = M \times r^E \quad \text{con} \quad M \in \mathbb{R}, \quad r \in \mathbb{N} \quad \text{y} \quad E \in \mathbb{Z}$$

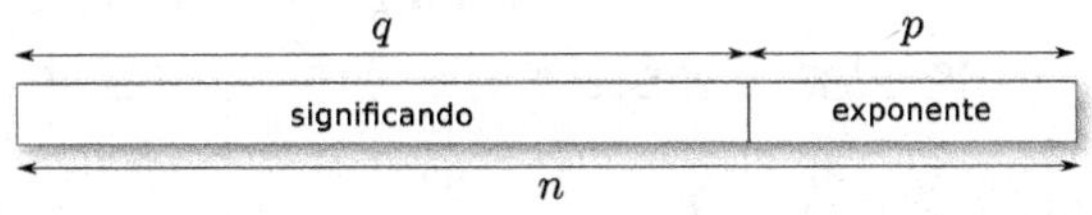

Figura 2.11 Formato genérico en coma flotante.

El campo M se denomina *significando* y contiene los dígitos significativos del número real a codificar. El significando M admite cualquiera de las representaciones de reales en coma fija. El campo E se denomina *exponente* y se representa en cualquiera de los sistemas de enteros.

La base r es implícita y debe ser una potencia de 2, en general, $r = 2^m$. Si $m = 1$, la coma salta sobre el significando de bit en bit. Si $m = 2$, la coma salta de 2 en 2. Si $m = 4$, lo hace de 4 en 4. Normalmente la base es 2 ($r = 2$), pero en algunas máquinas es hexadecimal ($r = 2^4 = 16$).

En principio el significando es una representación de un número real, con parte entera y parte fraccionaria con la coma fija en algún peso entre 1 y q. No obstante, si movemos la coma completamente a la izquierda (al peso 2^q), representando sólo parte fraccionaria o mantisa, conseguimos codificaciones más precisas al disponer de más decimales.

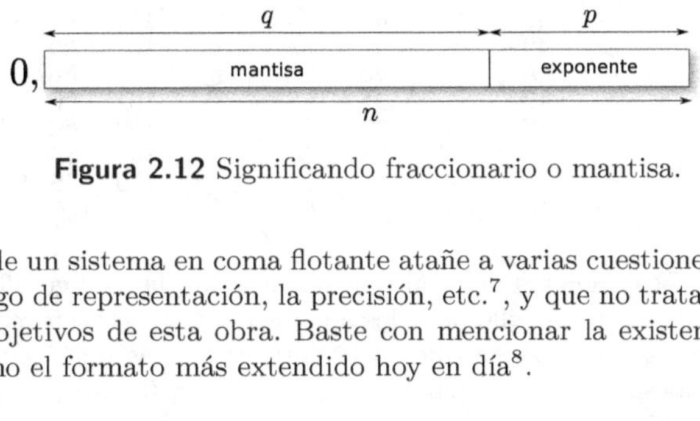

Figura 2.12 Significando fraccionario o mantisa.

El diseño de un sistema en coma flotante atañe a varias cuestiones de formato que afectan al rango de representación, la precisión, etc.[7], y que no trataremos aquí, pues exceden los objetivos de esta obra. Baste con mencionar la existencia del estándar IEEE 754 como el formato más extendido hoy en día[8].

2.3.2 Caracteres

Al igual que hemos venido haciendo con los valores numéricos, para codificar caracteres, construiremos una aplicación de $\mathcal{BIN}_n$ en un conjunto destino. Los conjuntos más populares son ASCII, EBCDIC y UNICODE. De ellos, el más difundido hoy en día es el último, que incluye el ASCII, mientras que el EBCDIC, creado por IBM, ha caído en desuso.

[7] Consultar *Apuntes de arquitectura de computadores. Codificación.* Rafael Rico, 2020.

[8] Es una normalización del *Instituto de Ingenieros Eléctricos y Electrónicos* (IEEE) para la representación de números reales, instituida por primera vez en 1985. Cuenta con varios tamaños de formato (simple precisión sobre 32 bits, doble precisión sobre 64, etc.), además de contemplar especificaciones aritméticas y de redondeo.

ASCII

La codificación ASCII[9] utiliza 7 bits para representar caracteres del alfabeto latino y no imprimibles. El estándar establece una tabla de correspondencias entre $\mathcal{BIN}_7$ y cada uno de los caracteres de la colección según el cuadro 2.3.

$$f : \mathcal{BIN}_7 \rightarrow \text{rango}(\mathcal{ASCII})$$

Cuadro 2.3 Tabla ASCII 7 bits.

dec	hex	char	dec	hex	char	dec	hex	char	dec	hex	char
0	00	NUL	16	10	DLE	32	20	(esp.)	48	30	0
1	01	SOH	17	11	DC1	33	21	!	49	31	1
2	02	STX	18	12	DC2	34	22	"	50	32	2
3	03	ETX	19	13	DC3	35	23	#	51	33	3
4	04	EOT	20	14	DC4	36	24	$	52	34	4
5	05	ENQ	21	15	NAK	37	25	%	53	35	5
6	06	ACK	22	16	SYN	38	26	&	54	36	6
7	07	BEL	23	17	ETB	39	27	'	55	37	7
8	08	BS	24	18	CAN	40	28	(	56	38	8
9	09	TAB	25	19	EM	41	29	)	57	39	9
10	0A	LF	26	1A	SUB	42	2A	*	58	3A	:
11	0B	VT	27	1B	ESC	43	2B	+	59	3B	;
12	0C	FF	28	1C	FS	44	2C	,	60	3C	<
13	0D	CR	29	1D	GS	45	2D	-	61	3D	=
14	0E	SO	30	1E	RS	46	2E	.	62	3E	>
15	0F	SI	31	1F	US	47	2F	/	63	3F	?
dec	**hex**	**char**	**dec**	**hex**	**char**	**dec**	**hex**	**char**	**dec**	**hex**	**char**
64	40	@	80	50	P	96	60	`	112	70	p
65	41	A	81	51	Q	97	61	a	113	71	q
66	42	B	82	52	R	98	62	b	114	72	r
67	43	C	83	53	S	99	63	c	115	73	s
68	44	D	84	54	T	100	64	d	116	74	t
69	45	E	85	55	U	101	65	e	117	75	u
70	46	F	86	56	V	102	66	f	118	76	v
71	47	G	87	57	W	103	67	g	119	77	w
72	48	H	88	58	X	104	68	h	120	78	x
73	49	I	89	59	Y	105	69	i	121	79	y
74	4A	J	90	5A	Z	106	6A	j	122	7A	z
75	4B	K	91	5B	[	107	6B	k	123	7B	{
76	4C	L	92	5C	\	108	6C	l	124	7C	|
77	4D	M	93	5D	]	109	6D	m	125	7D	}
78	4E	N	94	5E	^	110	6E	n	126	7E	~
79	4F	O	95	5F	_	111	6F	o	127	7F	DEL

Los números del 0 al 9 se encuentran del código 30_{16} al código 39_{16}, de manera que es muy sencillo pasarlos a entero binario y viceversa. Respecto al control de caja, vemos que la única diferencia entre las letras mayúsculas y las minúsculas es el bit de peso 2^5 que es 1 para la caja pequeña y 0 para la grande, de manera que cambiar de caja es tan sencillo como conmutar dicho bit.

Algunas de las limitaciones del ASCII son la escasez de símbolos y la imposibilidad de combinar los símbolos diacríticos (tildes, etc.) con cualquier otro. No obstante, su reducido tamaño puede ser una característica deseable en algunos casos.

UNICODE

La codificación UNICODE es una normalización en la representación de caracteres que pretende ser universal, uniforme y única. Incluye todos los sistemas de escritura moderna, tanto alfabéticos como ideográficos, sistemas de lenguas muertas, como el cuneiforme o el rúnico entre otros, símbolos musicales y matemáticos, fichas de

---

[9] La sigla ASCII provine de *American Standard Code for Information Interchange.*

juegos, flechas, iconos y otros símbolos. Los signos diacríticos son independientes y combinables con otros caracteres.

El tamaño de codificación es de 24 bits, lo que ofrece una capacidad potencial para almacenar $2^{24} = 16\,777\,216$ símbolos.

$$f : \mathcal{BIN}_{24} \rightarrow \text{rango}(\mathcal{UNICODE})$$

La tabla de correspondencias está organizada en grupos denominados *planos* de 64 Ki símbolos cada uno[10], lo que significa que cada carácter se codifica sobre 16 bits, y cada plano se identifica mediante 8 bits. Actualmente, solo se han definido (parcialmente) 17 planos, es decir, sólo se usan 21 bits. El plano 00 se denomina *Plano multilingüe básico* (BMP) e incluye los caracteres ASCII de 7 bits, así como símbolos comunes e ideogramas CJK unificados. El cuadro siguiente muestra los planos actualmente definidos.

Cuadro 2.4 Planos UNICODE.

plano	identificador	descripción
0	U+hhhh	Alfabetos modernos, símbolos comunes, ideográfico CJK
1	U+01hhhh	Históricos, notación técnica, conjuntos pictográficos
2	U+02hhhh	Ideográfico extendido
3	U+03hhhh	Ideográfico extendido
14	U+0Ehhhh	Propósito especial (etiquetas y caracteres de control)
15	U+0Fhhhh	Plano de uso privado para desarrolladores
16	U+10hhhh	Plano de uso privado para desarrolladores

Una de las características más interesantes del estándar UNICODE es que los signos diacríticos son independientes y pueden combinarse con otros caracteres, ampliando fácilmente el repertorio.

ñ ≡ n + ◌̃   ü ≡ u + ◌̈

U+00F1 U+006E U+0303   U+00FC U+0075 U+0308

Figura 2.13 Mecanismo de combinación de caracteres en UNICODE.

En los dos ejemplos que se muestran en la figura anterior, vemos que hay tanto símbolos independientes ('ñ' o 'ü') como símbolos compuestos ('n'+'~' o 'u' + '¨'), todos ellos pertenecientes al plano 00 o BMP.

Dado que UNICODE tiene una longitud de representación de 3 *bytes* (21 bits efectivos), mientras que los ordenadores funcionan con palabras cuya longitud es un número de *bytes* potencia de 2, existen diferentes formas de expresar los códigos para adaptarse a la longitud de palabra de cada máquina. Esto se conoce como *Unicode Transformation Format* (UTF), y ofrece tres esquemas posibles:

- UTF-8: codificación de tamaño variable en palabras de tamaño *byte*.
- UTF-16: codificación de tamaño variable en palabras de tamaño dos *bytes*.
- UTF-32: codificación de tamaño fijo de cuatro *bytes*.

Téngase en cuenta que, mientras que UNICODE es un formato de codificación de longitud uniforme en todo su rango, UTF-8 y UTF-16 no lo son.

[10] La IEC (Comisión Electrotécnica Internacional) normalizó los prefijos binarios basados en potencias de 2 para evitar ambigüedades con los términos métricos basados en potencias de 10. Estos son Ki ($2^{10} = 1\,024$), Mi ($2^{20} = 1\,024^2$), Gi ($2^{30} = 1\,024^3$), etc. Por ejemplo: $64\,\text{KiB} = 2^6 \cdot 2^{10}\,\text{B} = 65\,536\,\text{B}$.

UTF-8

En este mecanismo de transformación, los caracteres se agrupan en *bytes*, formando secuencias de entre uno y cuatro. La longitud depende del número de ceros a la izquierda en la codificación UNICODE del carácter. Cuantos más ceros haya, menor será el tamaño del paquete, tal y como muestra el siguiente cuadro:

Cuadro 2.5 Conversión UTF-8 de caracteres UNICODE.

carácter UNICODE		XXXc cccc bbbb bbbb aaaa aaaa			
rango de códigos		***byte* 1**	***byte* 2**	***byte* 3**	***byte* 4**
U+0000	U+007F	0aaa aaaa			
U+0080	U+07FF	110b bbaa	10aa aaaa		
U+0800	U+FFFF	1110 bbbb	10bb bbaa	10aa aaaa	
U+010000	U+10FFFF	1111 0ccc	10cc bbbb	10bb bbaa	10aa aaaa

El método utiliza la técnica denominada *código de escape* para indicar el tamaño del paquete UTF-8 y la posición que ocupa cada *byte* individual dentro del mismo. Así, si el primer *byte* comienza por el código de escape 0, el paquete sólo tiene un *byte*; si comienza por 110, tiene dos; si comienza por 1110, tiene tres; y si comienza por 11110, cuatro. El resto de *bytes*, si existen, utilizan el código de escape 10, independientemente del orden. Nótese que UTF-8 favorece al subconjunto ASCII, incluido en el plano BMP, con la mínima longitud (un *byte*), tal y como muestran los ejemplos:

Cuadro 2.6 Ejemplos de conversión de UNICODE a UTF-8.

UNICODE		$\longrightarrow$		**UTF-8**
a = U+0061	=	XXX0 0000 0000 0000 0110 0001		
		↓		
		XXXc cccc bbbb bbbb aaaa aaaa		
		0aaa aaaa		
		↓		
		0110 0001	=	61_{16}
Á = U+00C1	=	XXX0 0000 0000 0000 1100 0001		
		↓		
		XXXc cccc bbbb bbbb aaaa aaaa		
		110b bbaa 10aa aaaa		
		↓		
		1100 0011 1000 0001	=	$C3\,81_{16}$

UTF-16

Ahora los caracteres UNICODE se agrupan en palabras de dos *bytes*, en secuencias de una o dos palabras. Esa longitud variable depende de si el código se encuentra o no en el plano BMP. Si está en el BMP, solo necesita una palabra, pero si no es así, requiere dos, según muestra el cuadro siguiente:

Cuadro 2.7 Conversión UTF-16 de caracteres UNICODE.

carácter UNICODE		XXXc cccc bbbb bbbb aaaa aaaa	
rango de códigos		***word* 1**	***word* 2**
U+0000	U+FFFF	bbbb bbbb aaaa aaaa	
U+010000	U+10FFFF	1101 10dd ddbb bbbb	1101 11bb aaaa aaaa
		dddd = ccccc − 1	

UTF-32

Con este mecanismo de transformación siempre se accede por palabras de cuatro *bytes*, lo que provoca una gran ineficiencia, ya que de los 32 bits disponibles sólo se usan 24 (21, por ahora). Los costes de almacenamiento y comunicación pueden llegar a ser prohibitivos para determinadas aplicaciones, aunque es el mecanismo óptimo en máquinas con un tamaño de palabra de 32 bits.

2.3.3 Colores

La codificación del color se basa en la naturaleza de su síntesis a partir de los colores primarios. Cuando trabajamos con fuentes luminosas, la síntesis es aditiva y los primarios son el rojo, el verde y el azul. La mezcla al 100 % de los primarios aditivos produce el color blanco. Con luz reflejada, la síntesis es sustractiva y los primarios son el cian, el magenta y el amarillo que mezclados al 100 % producen el negro. La mezcla de los primarios produce los secundarios, cumpliéndose que los secundarios aditivos son los primarios sustractivos y viceversa.

La síntesis aditiva es la propia de un monitor, por ejemplo, como dispositivo emisor de luz. No es de extrañar, pues, que en computación, se utilice la síntesis aditiva y el modelo de color RGB (*Red Green Blue*), que consiste en asignar un número natural a cada color primario. De esta forma, un código de color es sencillamente la combinación de la intensidad de cada primario que lo produce.

La síntesis sustractiva es la propia de una imagen impresa, de las artes gráficas. Aquí el modelo equivalente es el CMYK (*Cyan Magenta Yellow Key*) cuya sigla hace referencia a los tres primarios más el color negro (*Key* o *Black*) ya que la combinación de tintas nunca consigue un negro puro.

En esencia, ambos modelos son equivalentes y existen algoritmos que permiten pasar de uno a otro fácilmente. En cualquier caso, vemos que el modelo de codificación no define el color, sino cómo se produce o sintetiza y, en consecuencia, un mismo código RGB puede generar colores diferentes en dispositivos distintos.

La codificación de cada primario admite el tamaño que se desee, sabiendo que en el modelo aditivo el valor 0 significa ausencia de luz. Si asignamos 1 bit por primario, tendremos 8 posibles colores, donde el código 000 significa ausencia total de luz, es decir, color negro, y el código 111 significa la mezcla de todos los primarios dando color blanco. El resto de colores corresponden a los tonos puros o primarios y a las mezclas o secundarios.

El tamaño de la codificación se conoce como *profundidad de color* y es responsable de la gradación de intensidad de cada color primario. Mayor profundidad de color significa dividir el 100 % de intensidad en partes más pequeñas. Lógicamente hacer crecer la profundidad de color aumenta el coste de almacenamiento y comunicación sin asegurarnos que el dispositivo físico encargado de reproducir esos colores sea capaz de discriminar tanto detalle. La aplicación es:

$$f : \mathcal{BIN}_{3n} \rightarrow \mathsf{range}(\mathcal{RGB})$$

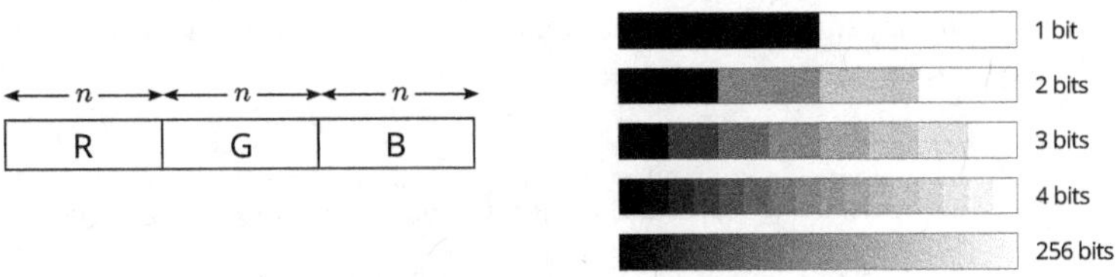

Figura 2.14 Codificación de color RGB.

Modo texto

El vídeo en modo texto es uno de los modelos de codificación de color RGB más sencillos y se utiliza habitualmente para la ventana de comandos[11] en los sistemas operativos. Se trata de un modo de visualización en el que la imagen consiste en una cuadrícula rectangular uniforme de celdas[12], cada una de las cuales contiene un carácter dibujado con una fuente monoespacio[13] en una matriz de puntos. La representación en pantalla se almacena en la memoria como una secuencia de pares atributo-carácter, en lugar de píxeles individuales.

El carácter admite cualquier tipo de codificación de las vistas hasta ahora, mientras que el atributo es un *byte* que contiene la información gráfica que se muestra en la siguiente figura.

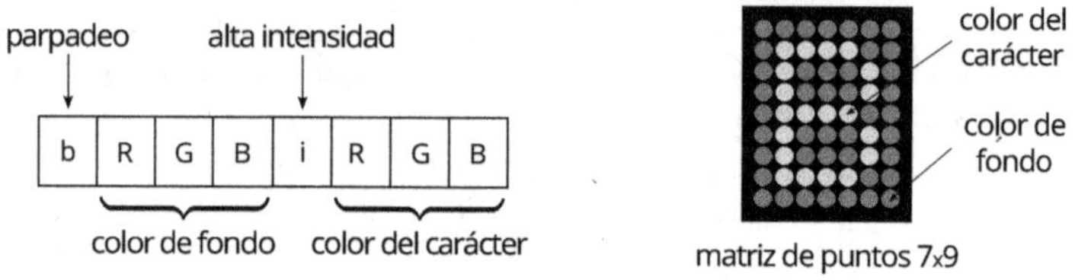

Figura 2.15 *Byte* de atributo en modo texto y matriz de puntos.

Como podemos ver en la ilustración, la configuración visual se organiza en dos bloques: cuatro bits para el color del carácter o color de primer plano, y otros cuatro para el color de fondo. Ambos consisten en campos RGB de profundidad de color 3 bits, más un bit adicional que puede suministrar alta intensidad a los tres primarios simultáneamente, duplicando la cantidad de colores, aunque el MSB del *byte* de atributo suele configurarse para habilitar el parpadeo del carácter –de ahí su nombre– en lugar de la alta intensidad.

Color verdadero

Si el vídeo en modo texto representa la profundidad de color mínima, un enfoque radicalmente opuesto es el que se conoce como *color verdadero*.

Sabemos que existe un límite en la percepción del ojo humano, que alcanza a distinguir alrededor de 10 millones de colores diferentes y hace ineficaz superar esta resolución. Es por esto que se conoce como *color verdadero* a la profundidad de color de 3 *bytes*, uno por cada color primario. Este tamaño da un total de $2^{24} \approx 16{,}7$ millones de colores diferentes, muy por encima de la capacidad de distinción humana. Formalmente:

$$f : \mathcal{BIN}_{24} \to \mathsf{range}(\mathcal{RGB})$$

El color verdadero utiliza 3 *bytes*, lo que no es una potencia de 2 en *bytes*. El *byte* que queda libre en una palabra de 32 bits (2^2 *bytes*) puede utilizarse para codificar el *canal alfa*, que es una máscara de transparencia que cuantifica el porcentaje de opacidad de cada píxel. De este modo se completa la palabra, optimizando los costes de almacenamiento y añadiendo una característica importante para el procesamiento de imágenes.

---

[11] La ventana de comandos es una interfaz basada en texto, presente en los sistemas operativos, que permite a los usuarios ejecutar directamente comandos del sistema, *scripts* y tareas de automatización.

[12] La cuadrícula tiene un rango de [40, 132] filas por [25, 60] columnas, siendo 80×25 una resolución típica.

[13] Las dimensiones de la celda están comprendidas entre [7, 9] píxeles de ancho por [8, 16] píxeles de alto, siendo 7×9 un tamaño habitual.

Paleta de color

En ocasiones, la codificación RGB de color verdadero puede resultar muy costosa en términos de tamaño. En estos casos, nos enfrentamos a dos opciones antagónicas: reducir la profundidad de color y, por lo tanto, la calidad visual, o restringir el conjunto de colores a una selección reducida a P colores verdaderos diferentes, denominada *paleta de color*, conservando la calidad del subconjunto elegido. En muchos casos, la selección de colores viene determinada de forma natural por el sesgo tonal de la propia imagen.

La paleta de color es una tabla de colores definidos con la máxima calidad, que se indexará mediante un código $m = \lceil \log_2 P \rceil$, que es más corto que el del color verdadero ($m < 24$). Esto requiere almacenar una tabla de correspondencias adicional (la paleta), que empareja cada índice con su codificación de color verdadero correspondiente. Siempre que la paleta más la información de la imagen (un índice por píxel) ocupen menos espacio que la codificación de la imagen en color real, el método resulta conveniente, aunque la decodificación requiera un paso adicional de indexación.

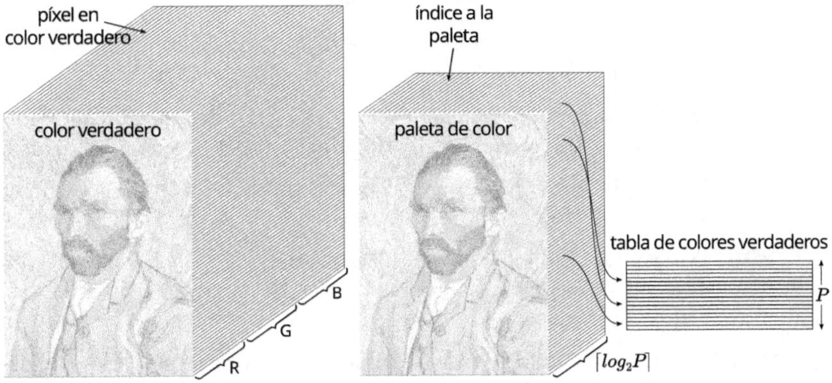

Figura 2.16 Comparativa entre color verdadero y paleta de color.

Problemas propuestos

2.1 Sea $2\,01\,10_3$ una representación en base 3. Determine el valor numérico codificado. **Solución:** 174.

2.2 Sea $75{,}21_8$ una representación en base 8 . Determine el valor numérico codificado. **Solución:** 61,265625.

2.3 Calcule la codificación del valor entero 267 en los sistemas posicionales de base 2, 3, 4, 8 y 16. **Solución:** $267_{10} = 1\,0000\,1011_2 = 10\,02\,20_3 = 1\,00\,23_4 = 4\,13_8 = 1\,0B_{16}$.

2.4 Calcule la codificación del valor 0,189 en los sistemas posicionales de base 2, 3 y 4. Obtenga 4 decimales en cada caso. **Solución:** $0{,}189_{10} = 0{,}0011_2 = 0{,}01\,20_3 = 0{,}03\,00_4$.

2.5 ¿Cuántos decimales se necesitan para representar el valor decimal 0,56 en base 2? Justifique su respuesta. **Solución:** Infinitos.

2.6 ¿Cuántos decimales se necesitan para representar el valor decimal 0,28125 en base 2? ¿Y en base 3? Justifique su respuesta.

2.7 Codifique el valor decimal 0,56 sobre 4 y 8 dígitos e indique el error cometido en cada caso.

2.8 Determine la codificación en base 2 del valor decimal 14,247. Obtenga 5 dígitos fraccionarios e indique el error cometido.

2.9 Dado un sistema posicional de base 3 sobre 4 dígitos $\mathcal{POS}_{3,4}$ determine su módulo y rango. **Solución:** $\text{mod}(\mathcal{POS}_{3,4}) = 3^4 = 81$ y $\text{rango}(\mathcal{POS}_{3,4}) = [0, 80]$.

2.10 Determine el tamaño de codificación del valor entero 23 567 en sistemas de base 2, 4, 8 y 16. **Solución:** Los tamaños son 15, 8, 5 y 4 dígitos en las bases 2, 4, 8 y 16 respectivamente.

2.11 Determine la codificación del valor 673 en un sistema posicional de base 2 si el tamaño de la representación está limitado a 4, 8 o 12 dígitos. Indique si hay desbordamiento o no. **Solución:** La codificación sobre 4 dígitos es 0001_2 con desbordamiento, sobre 8 dígitos es es $1010\,0001_2$ con desbordamiento y sobre 12 es $0010\,1010\,0001_2$ sin desbordamiento.

2.12 Determine la codificación del valor 1 456 en un sistema posicional de base 2 si el tamaño de la representación está limitado a 4, 8 o 16 dígitos. Indique si hay desbordamiento o no. **Solución:** La codificación sobre 4 dígitos es 0000_2 con desbordamiento, sobre 8 dígitos es es $1011\,0000_2$ con desbordamiento y sobre 16 es $0000\,0101\,1011\,0000_2$ sin desbordamiento.

2.13 Determine la codificación del valor 75 406 en un sistema posicional de base 2 si el tamaño de la representación está limitado a 4, 8 o 16 dígitos. Indique si hay desbordamiento o no.

2.14 Sean la codificaciones 1010 y 731. Decodifíquelas interpretándolas en binario, en octal y en hexadecimal. **Solución:** La codificación 1010 es 10 en binario, 520 en octal y 4 112 en hexadecimal y la codificación 731 es *NULL* en binario, 473 en octal y 1 841 en hexadecimal.

2.15 Codifique el valor entero -21 en signo-magnitud, complemento a dos, complemento a uno y exceso a 128 siendo el tamaño de representación $n = 8$ bits. Indique el desbordamiento. **Solución:** $SM(-21, 8) = 1\,001\,0101_{SM,8}$, $C2(-21, 8) = 1110\,1011_{C2,8}$, $C1(-21, 8) = 1110\,1010_{C1,8}$ y $EX2^{n-1}(-21, 8) = 0110\,1011_{EX2^{n-1},8}$, todos ellos sin desbordamiento.

2.16 Codifique el valor entero 112 en signo-magnitud, complemento a dos, complemento a uno y exceso a 128 siendo el tamaño de representación $n = 8$ bits. Indique el desbordamiento.

2.17 Interprete la representación $111000_{2,6}$ en binario puro, signo-magnitud, complemento a dos, complemento a uno y exceso a 2^{n-1} calculando el valor codificado en cada caso. **Solución:** *VAL-BIN*$(111000) = 56$, *VAL-SM*$(111000) = -24$, *VAL-C2*$(111000) = -8$, *VAL-C1*$(111000) = -7$ y *VAL-EX2^{n-1}*$(111000) = 24$.

2.18 Codifique el valor real $-27{,}3409$ en coma fija sobre 8 bits en signo-magnitud, complemento a dos, complemento a uno y exceso a 2^{n-1} sabiendo que la posición de la coma está en el peso 2^3. Indique el desbordamiento si es el caso. **Solución:** Hay desbordamiento para todos los sistemas de codificación.

2.19 Codifique el valor real $-83{,}017$ en coma fija sobre 12 bits en signo-magnitud, complemento a dos, complemento a uno y exceso a 2^{n-1} sabiendo que la posición de la coma está en el peso 2^4. Indique el desbordamiento si es el caso.
Solución: *SM*$(-83{,}017, 12, 4) = 1\,101\,0011{,}0000_{SM,12,4}$,
C2$(-83{,}017, 12, 4) = 1010\,1101{,}0000_{C2,12,4}$,
C1$(-83{,}017, 12, 4) = 1010\,1100{,}1111_{C1,12,4}$ y
EX2^{n-1} $(-83{,}017, 12, 4) = 0010\,1101{,}0000_{EX2^{n-1},12,4}$,
todos ellos sin desbordamiento.

2.20 Codifique el valor real $-108{,}156$ en coma fija sobre 16 bits en signo-magnitud, complemento a dos, complemento a uno y exceso a 2^{n-1} sabiendo que la posición de la coma está en el peso 2^6. Indique el desbordamiento si es el caso.

2.21 Represente el valor $-57{,}864$ en coma fija sobre 10 bits en complemento a dos sabiendo que la coma está en el peso 2^3. Si es el caso, indique el error cometido al codificar. **Solución:** La representación queda *C2*$(-57{,}864, 10, 3) =$ *BIN*$(70{,}136, 10, 3) = 100\,0110{,}001_{C2,10,3}$ que produce un error absoluto ϵ por defecto de 0,011.

2.22 Represente el valor $-11{,}0276$ en coma fija sobre 10 bits en complemento a dos sabiendo que la coma está en el peso 2^4. Si es el caso, indique el error cometido al codificar. **Solución:** Se produce un error $\epsilon = 0{,}0276$ por exceso.

2.23 Represente el valor $-9{,}86$ en coma fija sobre 10 bits en complemento a uno sabiendo que la coma está en el peso 2^5. Si es el caso, indique el error cometido al codificar. **Solución:** Se produce un error $\epsilon = 0{,}01625$ por exceso.

2.24 ¿Qué precisión tiene el sistema de codificación en coma flotante IEEE 754 de simple precisión? ¿Y el de doble precisión?

2.25 ¿Puede representar el formato IEEE 754 el valor 0? ¿Y el infinito? ¿Cómo lo hace?

2.26 Dada una cadena de caracteres ASCII de longitud fija `len` almacenada en memoria a partir de la dirección `ptr`, escriba el pseudocódigo que convierte la cadena a mayúsculas.

2.27 Evalúe los costes de almacenamiento de los sistemas de representación de caracteres ASCII y UNICODE.

2.28 Sea U+00E1 el código UNICODE que corresponde a la letra 'á'. Determine su codificación UTF-8. **Solución:** $\mathrm{C3\,A1}_{16}$.

2.29 Repita el problema anterior para UTF-16 y UTF-32. **Solución:** En UTF-16 queda $\mathrm{00\,E1}_{16}$ y en UTF-32 es $\mathrm{00\,00\,00\,E1}_{16}$.

2.30 Sabemos que la codificación UNICODE no se utiliza tal cual, sino que se usan los mecanismos de transformación UTF. Asumiendo que trabajamos mayoritariamente con texto escrito en castellano, ¿qué transformación es la óptima?

2.31 Asumiendo que trabajamos con texto en castellano y codificación UTF-8, ¿qué hay que tener en cuenta para medir la longitud de una cadena de caracteres? **Solución:** La mayoría de los caracteres ocuparán un *byte* en UTF-8, salvo los acentuados, que ocupan dos.

2.32 Proponga el pseudocódigo necesario para hallar el inicio de la codificación de cada carácter UNICODE en una cadena representada mediante el mecanismo de transformación UTF-8.

2.33 ¿Cuántos colores diferentes podemos representar con un modelo RGB que asigna 4 bits a cada color primario? ¿De qué profundidad de color estamos hablando? **Solución:** Podemos representar $2^{12} = 4\,096$ colores diferentes, es decir, disponemos de una profundidad de color de 12 bits.

2.34 Sabemos que los tonos de gris se forman combinando la misma intensidad en los tres colores primarios. Suponiendo que trabajamos con un modelo RGB de 9 bits de profundidad de color, ¿cuántos tonos grises diferentes podemos codificar? **Solución:** Descartando las intensidades que producen el blanco y el negro, concluimos que disponemos de 6 tonos de gris diferentes.

2.35 Suponiendo que estamos trabajando en modo de vídeo de texto, ¿cuál es el *byte* de atributo que muestra texto en magenta claro sobre fondo verde? **Solución:** Es 0010 1101 (0x2D).

2.36 El *byte* de atributo correspondiente a una celda de vídeo en modo texto es 0xEE. ¿Qué combinación de colores se ha configurado?

2.37 ¿Cuántos tonos de gris hay disponibles en color verdadero?

2.38 ¿Cuántos tonos de verde tenemos en color verdadero? ¿Y de magenta?

2.39 Calcule qué espacio ocupa una imagen codificada en color verdadero de dimensiones $1\,300 \times 2\,800$ píxeles.

2.40 Sea una imagen de $855 \times 1\,030$ píxeles, cuya representación utiliza únicamente 7 531 colores diferentes. Calcule el tamaño total que ocupa la imagen si se codifica en color verdadero o si se utiliza una paleta de colores.

2.41 Una imagen RGB de profundidad de color 12-bit tiene 750 000 píxeles. Calcule el tamaño del archivo de imagen cuando se almacena en modo RGB y cuando se usa paleta de color (modo indexado), asumiendo que sólo contiene 1 000 colores diferentes. **Solución:** $tamaño_{directo} \approx 1{,}073$ MiB y $tamaño_{indexado} \approx 0{,}89$ MiB.

3 Álgebra de Boole

3.1 Estructuras algebraicas

En general, una estructura algebraica está constituida por un conjunto no vacío de elementos tales como números, matrices, polinomios o funciones, conocido como conjunto subyacente, sobre el que se pueden realizar una o más operaciones que cumplen propiedades específicas. Habitualmente se denota en forma de n-tupla $(a_1, a_2, ..., a_n)$, donde a_1 es el conjunto subyacente y $a_2, ..., a_n$ son las operaciones. Las propiedades o axiomas[1] hacen referencia a reglas manipulativas tales como la asociatividad, conmutatividad, etc. A modo de ejemplo, pensemos en los números naturales como conjunto subyacente, y en la suma y la multiplicación como las operaciones, para componer la siguiente estructura algebraica:

$$(\mathbb{N}, +, \cdot)$$

Al realizar estas operaciones sobre los números naturales siempre se producen naturales. Además, ambas cumplen las propiedades asociativa y conmutativa, a la vez que satisfacen la propiedad distributiva, que vincula una con la otra. Finalmente, las dos operaciones tienen elemento neutro o identidad (0 para la suma y 1 para la multiplicación). Resumidamente:

$$a, b, c \in \mathbb{N} \qquad a + b \in \mathbb{N} \qquad a \cdot b \in \mathbb{N}$$

conmutativa	asociativa	distributiva	neutro
$a + b = b + a$	$(a + b) + c = a + (b + c)$	$a \cdot (b + c) = a \cdot b + a \cdot c$	$a + 0 = a$
$a \cdot b = b \cdot a$	$(a \cdot b) \cdot c = a \cdot (b \cdot c)$		$a \cdot 1 = a$

Nuestra estructura $(\mathbb{N}, +, \cdot)$, no obstante, carece de la propiedad elemento opuesto, inverso o, en general, simétrico[2].

En álgebra abstracta, las operaciones se conocen como leyes de composición y pueden ser internas o externas. Decimos que una ley de composición es interna si opera entre dos elementos del conjunto subyacente A y da como resultado un elemento dentro de ese mismo conjunto:

$$f : A \times A \to A$$

En nuestro ejemplo $(\mathbb{N}, +, \cdot)$, las dos operaciones son leyes de composición interna, pero si incluyésemos la resta, esta ya no lo sería, pues la diferencia de dos naturales puede dar un resultado negativo que no está en $\mathbb{N}$.

$$+ : \mathbb{N} \times \mathbb{N} \to \mathbb{N} \qquad - : \mathbb{N} \times \mathbb{N} \to \mathbb{Z}$$

---

[1] Un axioma es una verdad evidente por sí misma, tan básica que es indemostrable a partir de reglas más simples. Es el punto de partida fundamental sobre el que se construye una teoría.

[2] Dado un elemento a del conjunto subyacente, definimos el elemento simétrico a^* como aquel que cumple que $a \times a^* = e$, siendo e el neutro. El neutro de la suma es 0, y es el resultado de sumar a con su opuesto $-a$. El neutro de la multiplicación es el 1, y es el resultado de multiplicar a con su inverso a^{-1}. Esto es, a^* depende de la operación.

Por otra parte, una ley de composición es externa si opera un elemento del conjunto subyacente A con un elemento de otro conjunto M, dando como resultado un elemento del subyacente:

$$f : M \times A \to A$$

El ejemplo más claro de operación externa lo ofrece la multiplicación escalar[3] en la que un vector (elemento del conjunto subyacente) se multiplica por un escalar (fuera del subyacente) para producir otro vector. Suponiendo que el escalar es natural y que los vectores son de n componentes reales, tenemos:

$$\cdot : \mathbb{N} \times \mathbb{R}^n \to \mathbb{R}^n$$

Pues bien, en álgebra abstracta las estructuras se clasifican según la cantidad de leyes de composición interna con que cuentan y las propiedades o axiomas que cumplen. Así, y sin entrar en más detalles, recordaremos que contamos con semigrupos y grupos, para estructuras con una única operación; o semianillos, anillos y cuerpos, para estructuras con dos operaciones. Cuando una operación es interna y la otra externa, podemos tener un espacio vectorial.

Como ya hemos indicado, la propuesta ejemplo basada en los naturales, no dispone de elemento simétrico, ya que en $\mathbb{N}$ no existen ni los números negativos $(-a)$ ni los fraccionarios (a^{-1}). Esta limitación implica que la estructura $(\mathbb{N}, +, \cdot)$ es un semianillo.

3.2 Definición de álgebra de Boole

Pasemos ahora del plano aritmético al proposicional, esto es, el que establece la corrección de los enunciados. La operación de disyunción lógica es un conector que une dos proposiciones mediante una "o" $(\mathsf{p} \vee \mathsf{q})$, de manera que la nueva expresión es verdadera si una o ambas proposiciones lo son y sólo es falsa si ambas lo son. Por otra parte, la operación de conjunción lógica es un conector que une dos proposiciones mediante una "y" $(\mathsf{p} \wedge \mathsf{q})$, de forma que la nueva expresión sólo es verdadera si ambas lo son. En formato de tablas de verdad:

p	q	p ∨ q	p ∧ q
V	V	V	V
V	F	V	F
F	V	V	F
F	F	F	F

Tanto la operación de disyunción como la de conjunción se aplican a dos proposiciones y por eso se dice que son binarias. Por contra, la operación de negación[4], que antecede a una proposición con un "no" $(\neg\mathsf{p})$, es unaria, pues se aplica a una única proposición. Su tabla es trivial:

p	¬p
V	F
F	V

Establecido esto, sea el conjunto $\mathbb{B}$ compuesto únicamente por los elementos verdadero y falso $(\mathbb{B} = \{\mathsf{V}, \mathsf{F}\})$, y las leyes de composición interna negación $(\neg)$, disyunción $(\vee)$ y conjunción $(\wedge)$ lógicas. La estructura $(\mathbb{B}, \neg, \vee, \wedge)$ es un álgebra de Boole si y sólo si cumple, para $\mathsf{x}, \mathsf{y}, \mathsf{z} \in \mathbb{B}$, que $\wedge$ es distributiva respecto a $\vee$:

$$\mathsf{x} \wedge (\mathsf{y} \vee \mathsf{z}) = (\mathsf{x} \wedge \mathsf{y}) \vee (\mathsf{x} \wedge \mathsf{z})$$

y que $\vee$ es distributiva respecto a $\wedge$:

$$\mathsf{x} \vee (\mathsf{y} \wedge \mathsf{z}) = (\mathsf{x} \vee \mathsf{y}) \wedge (\mathsf{x} \vee \mathsf{z})$$

---

[3] La multiplicación escalar no es lo mismo que el producto escalar.

[4] También conocida como complemento.

Obsérvese que la propiedad distributiva se satisface respecto a las dos leyes de composición interna[5], cosa que no sucedía en nuestro ejemplo con números naturales.

Con todo, aunque la estructura $(\mathbb{B}, \neg, \vee, \wedge)$ es una rama del álgebra, se diferencia de ella de manera sustancial en dos aspectos.

- su conjunto subyacente no está compuesto por números u objetos matemáticos, sino por valores lógicos; y
- las operaciones no son aritméticos, sino lógicas.

En definitiva, el álgebra booleana lo es por organización, pero en atención a su componente lógica estaría dentro del cálculo proposicional, esto es, aquel capaz de determinar la veracidad o falsedad de una proposición[6].

Con el fin de matematizar el álgebra boolena, en ocasiones se sustituye el conjunto subyacente $\mathbb{B}$ por el cuerpo GF(2) o cuerpo de Galois[7] de cardinal 2, que consta solamente de dos elementos distintos: el 0 y el 1, y cuya aritmética es modular de módulo 2, de manera que la suma $1+1$ da como resultado 0 (clase de congruencia)[8].

En este entorno matemático, ¿qué relación existe entre los operadores aritméticos y los lógicos del cálculo proposicional? La multiplicación modular es análoga a la conjunción lógica:

$$\mathsf{x} \wedge \mathsf{y} := x \cdot y \pmod 2$$

Sin embargo, la suma modular no es análoga a la disyunción[9], sino a la disyunción exclusiva, que une dos proposiciones mediante una "o exclusiva" ($\mathsf{p} \veebar \mathsf{q}$) como comprobamos a continuación:

p	q	$\mathsf{p} \veebar \mathsf{q}$
V	V	F
V	F	V
F	V	V
F	F	F

x	y	$x+y$ (mod 2)
1	1	0
1	0	1
0	1	1
0	0	0

Formalmente:

$$\mathsf{x} \veebar \mathsf{y} := x + y \pmod 2$$

Para trabajar con la disyunción lógica en GF(2) a partir de la suma modular, la hemos de definir de la siguiente forma:

$$\mathsf{x} \vee \mathsf{y} := x + y + xy \pmod 2$$

Si identificamos el símbolo V de $\mathbb{B}$ con el 1 de GF(2), cuando $\mathsf{x} = \mathsf{y} = \mathsf{V}$ tenemos que $x = y = 1$, cuya suma modular da como resultado 1 (clase de congruencia)[10].

Finalmente, la operación unaria de negación se define como:

$$\overline{\mathsf{x}} := 1 + x \pmod 2$$

Como vemos, aunque originalmente el álgebra de Boole se encuentra en el plano proposicional, no es difícil trasladarla al plano numérico.

---

[5] Este hecho convierte la estructura algebraica en un retículo distributivo.

[6] Toda proposición en la que es posible comprobar si es verdadera o falsa se dice que es decidible.

[7] En atención al matemático francés Évariste Galois (1811–1832).

[8] El 2 pertenece a la clase de congruencia del 0: $1+1=2 \equiv 0 \pmod 2$

[9] También conocida como disyunción inclusiva.

[10] El 3 pertenece a la clase de congruencia del 1: $1+1+1=3 \equiv 1 \pmod 2$

3.2.1 Nota histórica

El álgebra booleana fue definida por el británico George Boole (1815–1864) por primera vez en 1847 en una obra titulada *The Mathematical Analysis of Logic* que tendría una ampliación posterior en *An Investigation of the Laws of Thought* de 1854. Boole pretendía utilizar el álgebra para "operar" expresiones formadas con lógica proposicional, es decir, determinar con precisión matemática la veracidad o falsedad de dichas expresiones.

La aspiración de Boole no era original, ya que se encuentra en el núcleo de la lógica filosófica y silogística desde Aristóteles y, más recientemente, en los esfuerzos de Gottfried W. Leibniz (1646–1716) para diseñar un calculador universal del razonamiento que le ayudara en sus deducciones matemáticas, aunque estos trabajos quedaron incompletos.

Contemporaneo de Boole, su amigo Augustus De Morgan (1806–1871) también investigó en la manera de aplicar los métodos matemáticos al razonamiento lógico. Más adelante, Gottlob Frege (1848–1925), matemático y filósofo alemán, ahondó en la lógica matemática proponiendo un tratamiento sistemático basado en axiomas con una notación, cuya complejidad no contribuyó en absoluto a la difusión de su obra.

En 1937 Claude Shannon (1916–2001), estadounidense conocido como el padre de la teoría de la información, utilizó el álgebra de Boole para el diseño de circuitos digitales, con lo que definitivamente esta herramienta, conceptualmente nacida en el ámbito de la lógica proposicional, pasó a considerarse un instrumento esencial en el desarrollo de la electrónica digital, la programación y la computación en general.

3.2.2 Conjuntos e interruptores

Aunque hoy se identifica el álgebra de Boole con la lógica binaria, lo cierto es que hay toda una variedad de estructuras que se corresponden con la organización $(\mathbb{B}, \neg, \vee, \wedge)$ más allá, evidentemente, de su entorno proposicional original. A modo de ejemplo, la figura siguiente ilustra algunas operaciones relacionadas con el álgebra de conjuntos.

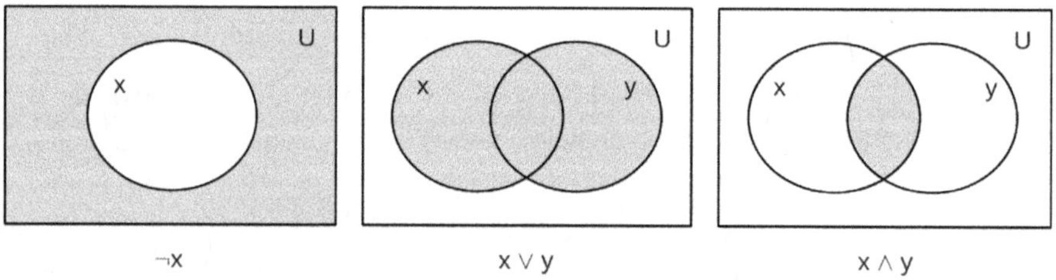

Figura 3.1 Operaciones booleanas sobre conjuntos.

Igualmente, podemos proponer analogías basadas en interruptores y circuitos. Antes de nada, definiremos dos tipos de interruptores o pulsadores:

- abierto por defecto, se cierra al pulsar; y
- cerrado por defecto, se abre al pulsar.

Figura 3.2 Tipos de pulsadores.

Así pues, las leyes de composición interna en el ámbito eléctrico se verían de la siguiente manera:

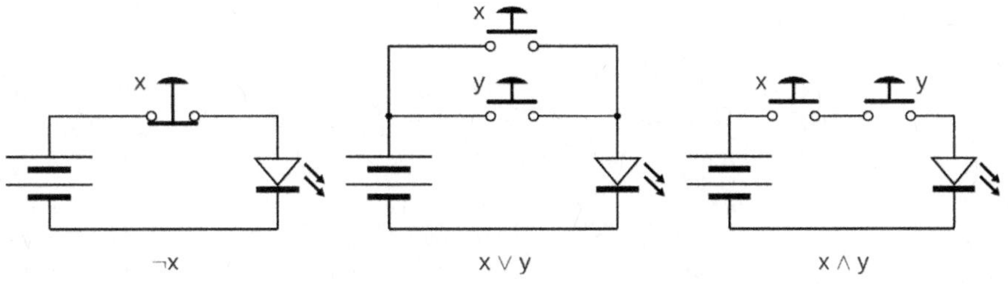

Figura 3.3 Operaciones booleanas con circuitos.

La pulsación se interpreta como V, pero dependiendo de si el interruptor está abierto normalmente o cerrado, el efecto sobre el circuito será diferente. Por otra parte, el diodo LED representa el resultado o salida del operador. Si emite luz, es V, y en caso contrario, es F. El circuito de la izquierda ilustra la operación unaria negado. El pulsador normalmente cerrado, es decir, en estado F, provoca que el diodo emita luz (V), mientras que su pulsación (V) abre el circuito y apaga el diodo (F).

Las operaciones binarias son análogas, pero ahora con pulsadores abiertos por defecto, esto es, sólo cortocircuitan sus extremos si están en estado V. En el caso de la disyunción (en el centro de la figura), basta con que el pulsador x o el y estén en estado V para que se ilumine el diodo LED, ya que sus caminos están en paralelo. Sin embargo, para la conjunción (en la derecha) es necesario que ambas entradas, x e y estén pulsadas para conseguir que se encienda el diodo (V), puesto que comparten un único camino en serie y el uno depende del otro si desean cerrar el flujo de corriente.

3.2.3 Notación

Como hemos señalado, la estructura booleana se pueda aplicar a toda una variedad de áreas del conocimiento y esto explica la coexistencia de notaciones alternativas. La tabla siguiente muestra la equivalencia entre la original y la que utilizaremos en adelante, centrada en la lógica binaria, nativa del computador:

$\mathbb{B}$	$\neg$	$\vee$	$\wedge$	V	F
$\mathcal{BIN}$	$^{-}$	$+$	$\cdot$	1	0

La operación de negación también puede representarse mediante los signos '∼'. '!', '−' o el identificador NOT antes de la variable, o '/' o '′' después de ella. Asimismo, en muchas ocasiones es práctico utilizar una notación basada en los identificadores de operación OR y AND, o en los operadores *NOT*, *OR*, *AND*. Veamos algunos ejemplos:

$$\neg x = \overline{x} = \sim x = x' = \mathsf{NOT}\,x = \mathit{NOT}(x)$$
$$x \vee y = x + y = x\,\mathsf{OR}\,y = \mathit{OR}(x, y)$$
$$x \wedge y = x \cdot y = x\,\mathsf{AND}\,y = \mathit{AND}(x, y)$$

Presentamos a continuación las tablas de verdad correspondientes a las tres leyes de composición interna del álgebra de Boole utilizando la notación de la lógica binaria:

x	$\overline{x}$
0	1
1	0

x	y	x + y	x · y
0	0	0	0
0	1	1	0
1	0	1	0
1	1	1	1

En consecuencia, a partir de ahora trabajaremos en el álgebra $(\mathcal{BIN}, ^{-}, +, \cdot)$ y cuando hablemos de *suma* nos estaremos refiriendo a la operación de suma lógica o disyunción inclusiva ($\vee$, $+$, OR), mientras que cuando hablemos de *multiplicación* nos estaremos refiriendo a la operación de multiplicación lógica o conjunción ($\wedge$, $\cdot$, AND).

3.3 Axiomas

Las tablas siguientes reúnen los axiomas que se satisfacen en el álgebra booleana $(\mathcal{BIN}, ^{-}, +, \cdot)$ para cada operación interna binaria sabiendo que $x, y, z \in \mathcal{BIN}$. En primer lugar se relacionan las leyes:

ley	$+$	$\cdot$
conmutativa	$x + y = y + x$	$x \cdot y = y \cdot x$
asociativa	$(x + y) + z = x + (y + z)$	$(x \cdot y) \cdot z = x \cdot (y \cdot z)$
distributiva	$x + (y \cdot z) = (x + y) \cdot (x + z)$	$x \cdot (y + z) = (x \cdot y) + (x \cdot z)$

Y seguidamente los elementos que han de existir necesariamente:

elemento	$+$	$\cdot$
neutro	$x + 0 = x$	$x \cdot 1 = x$
negado	$x + \overline{x} = 1$	$x \cdot \overline{x} = 0$

Las figuras siguientes ilustran la propiedad distributiva de cada operación utilizando el modelo de interruptores. A la luz de lo mostrado, resulta trivial expresar las propiedades o leyes conmutativa y asociativa bajo este mismo modelo.

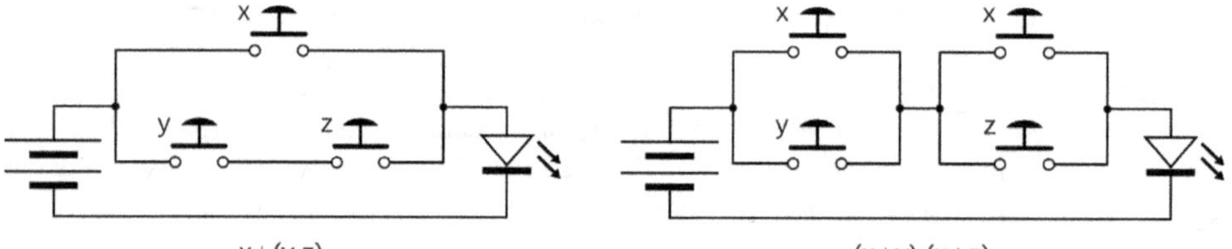

x+(y·z)   (x+y)·(x+z)

Figura 3.4 Distributiva de la suma respecto a la multiplicación.

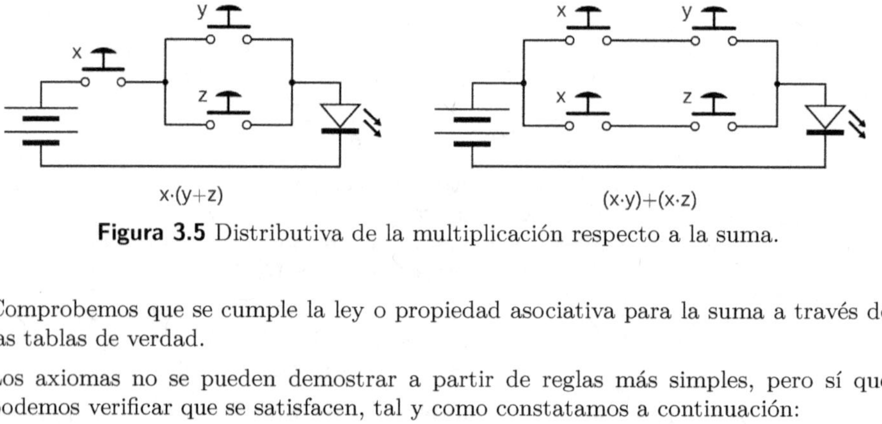

x·(y+z)   (x·y)+(x·z)

Figura 3.5 Distributiva de la multiplicación respecto a la suma.

Ejemplo 3.1 Comprobemos que se cumple la ley o propiedad asociativa para la suma a través de las tablas de verdad.

Solución Los axiomas no se pueden demostrar a partir de reglas más simples, pero sí que podemos verificar que se satisfacen, tal y como constatamos a continuación:

x	y	z	$(x + y)$	$(y + z)$	$(x + y) + z$	$x + (y + z)$
0	0	0	0	0	0	0
0	0	1	0	1	1	1
0	1	0	1	1	1	1
0	1	1	1	1	1	1
1	0	0	1	0	1	1
1	0	1	1	1	1	1
1	1	0	1	1	1	1
1	1	1	1	1	1	1

Obsérvese que las dos últimas columnas son idénticas.

A continuación se presentan los axiomas acerca de la existencia de los elementos neutro y negado o complemento a través del modelo de los interruptores:

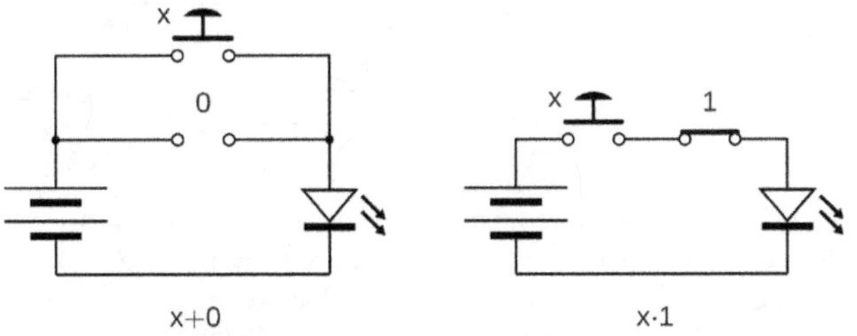

Figura 3.6 Elemento neutro.

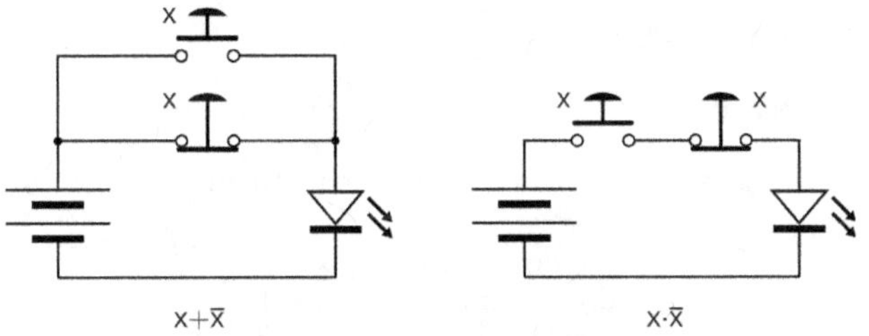

Figura 3.7 Elemento negado.

Ejemplo 3.2 Comprobemos ahora que se satisface la existencia del elemento negado para el producto.

Solución La tabla de verdad queda así:

x	$\overline{x}$	$x \cdot \overline{x}$
0	1	0
1	0	0

Lo cual demuestra el cumplimiento del axioma. Evidentemente, las tablas de verdad nos permiten confirmar cualquier axioma con cualquier ley de composición.

La suma de una variable con su negada se conoce en lógica proposicional como el principio del tercio excluido[11], mientras que la multiplicación de una variable por su negada se conoce como principio de no contradicción[12].

3.4 Principio de dualidad

Como posiblemente haya observado ya, se cumple que cualquier identidad[13] en un álgebra de Boole $(\mathcal{BIN}, ^{-}, +, \cdot)$ para una operación tiene su expresión dual válida para la otra operación, obtenida mediante el intercambio de la suma por la de mul-

[11] También conocido como tercio excluso, es una ley fundamental de la lógica clásica propuesta por Aristóteles que establece que, si existen dos proposiciones contradictorias, una de ellas debe ser necesariamente verdadera y la otra falsa, sin que exista una tercera opción o punto intermedio.

[12] Es una ley fundamental de la lógica clásica formulada por Aristóteles que establece que es imposible que algo sea y no sea al mismo tiempo y en el mismo sentido, de modo que una afirmación y su negación no pueden ser ambas verdaderas simultáneamente.

[13] Insistamos en que se cumple en identidades, pero no se puede utilizar para, dada una función, encontrar su equivalente intercambiando las operaciones. Eso ya no sería cierto, como veremos más adelante.

tiplicación y viceversa, y el valor 0 por el 1 y viceversa. Veamos algunos ejemplos ya presentados junto con otros que veremos en breve:

$+$		$\cdot$
$x+y=y+x$	$\Leftrightarrow$	$x\cdot y=y\cdot x$
$x+0=x$	$\Leftrightarrow$	$x\cdot 1=x$
$x+\overline{x}=1$	$\Leftrightarrow$	$x\cdot\overline{x}=0$
$x+x=x$	$\Leftrightarrow$	$x\cdot x=x$
$x+1=1$	$\Leftrightarrow$	$x\cdot 0=0$

El lector puede comprobar que el principio de dualidad se cumple igualmente con la propiedad asociativa y distributiva, así como con los teoremas enumerados en la siguiente sección. De manera natural se presta a ser utilizado como regla mnemotécnica, ya que el comportamiento del álgebra para una ley de composición se puede inferir sin esfuerzo a partir de la otra. Además, simplifica las verificaciones, ya que lo demostrado para una operación interna se extiende de manera trivial a la otra en base a este principio.

3.5 Teoremas

A partir de los axiomas se pueden demostrar los siguientes teoremas:

ley	$+$	$\cdot$
idempotencia	$x+x=x$	$x\cdot x=x$
dominación	$x+1=1$	$x\cdot 0=0$
identidad	$x+0=x$	$x\cdot 1=x$
absorción	$x+(x\cdot y)=x$	$x\cdot(x+y)=x$
redundancia	$x+(\overline{x}\cdot y)=x+y$	$x\cdot(\overline{x}+y)=x\cdot y$
involución	$\overline{\overline{x}}=x$	
De Morgan	$\overline{x+y}=\overline{x}\cdot\overline{y}$	$\overline{x\cdot y}=\overline{x}+\overline{y}$

3.5.1 Demostraciones

Veamos la demostración de la ley de idempotencia para la suma:

$$x+x=(x+x)\cdot 1=(x+x)\cdot(x+\overline{x})=x+(x\cdot\overline{x})=x+0=x$$

Donde $(x+x)\cdot(x+\overline{x})=x+(x\cdot\overline{x})$ corresponde a la aplicación de la ley distributiva de la suma en orden inverso. Análogamente, la demostración de la ley de idempotencia para la multiplicación será:

$$x\cdot x=(x\cdot x)+0=(x\cdot x)+(x\cdot\overline{x})=x\cdot(x+\overline{x})=x\cdot 1=x$$

Que, como podemos comprobar, saldría directamente de la aplicación del principio de dualidad a la demostración previa.

Evidentemente, las tablas de verdad también nos permitirían verificar la ley de idempotencia, pero la diferencia es que ahora podemos recurrir a reglas más sencillas para efectuar la demostración formal.

Ejemplo 3.3 Comprobemos como quedan las tablas de verdad para la ley de idempotencia.

Solución Tenemos:

x	$x+x$	$x\cdot x$
0	0	0
1	1	1

A continuación se demuestra la ley de dominación para ambas operaciones:

$$x+1=(x+1)\cdot 1=(x+1)\cdot(x+\overline{x})=x+(1\cdot\overline{x})=x+\overline{x}=1$$

$$x\cdot 0=(x\cdot 0)+0=(x\cdot 0)+(x\cdot\overline{x})=x\cdot(0+\overline{x})=x\cdot\overline{x}=0$$

Con pocos cambios demostramos la ley de identidad para ambas operaciones:

$$x + 0 = (x + 0) \cdot 1 = (x + 0) \cdot (x + \overline{x}) = x + (0 \cdot \overline{x}) = x + 0 = x$$
$$x \cdot 1 = (x \cdot 1) + 0 = (x \cdot 1) + (x \cdot \overline{x}) = x \cdot (1 + \overline{x}) = x \cdot 1 = x$$

Nótese que las demostraciones para las leyes de dominación e identidad se reducen a la de idempotencia.

Ejemplo 3.4 Comprobemos como quedan las tablas de verdad para las leyes de dominación e identidad.

Solución Tenemos:

x	$x+1$	$x+0$	$x \cdot 0$	$x \cdot 1$
0	1	0	0	0
1	1	1	0	1

Vayamos ahora con la ley de absorción para la suma:

$$x + (x \cdot y) = (x \cdot 1) + (x \cdot y) = x \cdot (1 + y) = x \cdot 1 = x$$

Y para la multiplicación:

$$x \cdot (x + y) = (x + 0) \cdot (x + y) = x + (0 \cdot y) = x + 0 = x$$

En estas demostraciones de la ley de absorción nos hemos apoyado en la identidad, pero cabrían demostraciones alternativas basadas en la idempotencia.

Ejemplo 3.5 Verifiquemos las tablas de verdad para la ley de absorción.

Solución Tenemos:

x	y	$x+y$	$x \cdot y$	$x + (x \cdot y)$	$x \cdot (x + y)$
0	0	0	0	0	0
0	1	1	0	0	0
1	0	1	0	1	1
1	1	1	1	1	1

La demostración de la ley de redundancia es trivial para ambas operaciones:

$$x + (\overline{x} \cdot y) = (x + \overline{x}) \cdot (x + y) = x + y \qquad x \cdot (\overline{x} + y) = x \cdot y$$

Pasemos a demostrar la ley de involución o involutiva: la existencia del elemento negado nos asegura que $x + \overline{x} = 1$ y que $x \cdot \overline{x} = 0$. Así las cosas, definamos una nueva variable y, tal que $y = \overline{x}$, lo que nos permitiría escribir $x + y = 1$ y $x \cdot y = 0$. Ahora bien, necesariamente se ha de cumplir que $\overline{y} + y = 1$ y que $\overline{y} \cdot y = 0$ y, por tanto, $\overline{y} = \overline{\overline{x}} = x$.

Finalizamos la sección demostrando las leyes de De Morgan. Para ello utilizaremos las propiedades del elemento negado, esto es, la suma de una variable con su negado da 1, mientras que el producto de una variable con su negado da 0. Si tomamos el lado izquierdo de cada ley de De Morgan sin negar y lo sumamos y multiplicamos con el segundo, demostraremos las equivalencias si dan como resultados 1 y 0 respectivamente. Comencemos con la ley para la suma:

$$(x + y) + (\overline{x} \cdot \overline{y}) = x + (y + \overline{x} \cdot \overline{y}) = x + (y + \overline{x}) \cdot (y + \overline{y}) = x + y + \overline{x} = 1$$

Para lo que hemos aplicado primero la propiedad asociativa y luego la distributiva. El desarrollo satisface la propiedad del negado para la suma. Comprobemos ahora si se cumple la propiedad del negado para la multiplicación:

$$(x + y) \cdot (\overline{x} \cdot \overline{y}) = x \cdot \overline{x} \cdot \overline{y} + \overline{x} \cdot y \cdot \overline{y} = 0$$

Puesto que ambas propiedades se verifican, podemos asegurar que la ley de De Morgan para la suma es correcta.

Respecto a la ley de De Morgan para la multiplicación, bastaría con aplicar el principio de dualidad para probar su validez, pero mostraremos los desarrollos análogos a los dos precedentes:

$$(x \cdot y) + (\overline{x} + \overline{y}) = \overline{x} + (\overline{y} + x \cdot y) = \overline{x} + (\overline{y} + x) \cdot (y + \overline{y}) = \overline{x} + \overline{y} + x = 1$$

$$(x \cdot y) \cdot (\overline{x} + \overline{y}) = x \cdot \overline{x} \cdot y + x \cdot y \cdot \overline{y} = 0$$

Lo cual verifica la ley de De Morgan para la multiplicación.

Estas dos leyes son muy importantes, ya que permiten pasar de expresiones en sumas lógicas a expresiones equivalentes en productos lógicos. Con fines mnemotécnicos, pueden verbalizarse de la siguiente manera: la negación de la suma es igual al producto de los negados, mientras que la negación del producto es igual a la suma de los negados[14]. También como regla mnemotécnica podemos aprender la expresión "romper la barra y cambiar el signo".

Existen demostraciones alternativas a partir del álgebra de conjuntos, a cuya investigación animamos al lector interesado.

Ejemplo 3.6 Cabe preguntarse cómo se aplicaría el modelo de interruptores a las leyes de De Morgan. Tomemos como ejemplo la ley para la suma: $\overline{x + y} = \overline{x} \cdot \overline{y}$.

Solución El circuito correspondiente al lado derecho de la ecuación es:

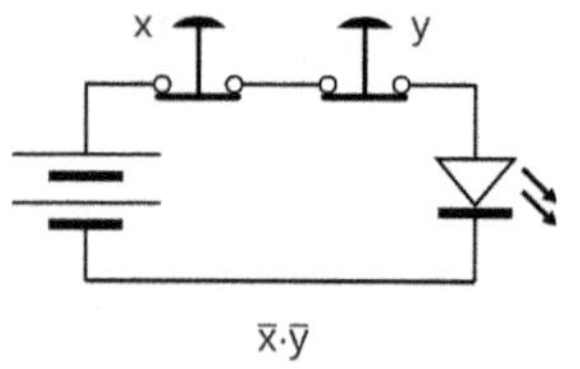

Figura 3.8 Producto de negados.

Mientras que el circuito para el lado izquierdo queda:

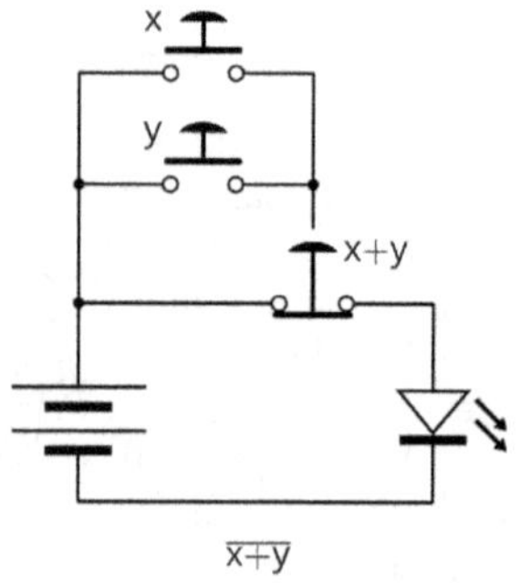

Figura 3.9 Negado de una suma.

Aunque las expresiones formales típicas son las utilizadas hasta el momento, también existen las despejadas:

$$x + y = \overline{\overline{x} \cdot \overline{y}} \qquad x \cdot y = \overline{\overline{x} + \overline{y}}$$

[14] Evidentemente, estas leyes también se cumplen en el ámbito de la lógica proposicional, en la que se formularían así: la negación de la disyunción es la conjunción de las negaciones y la negación de la conjunción es la disyunción de las negaciones. Formalmente:

$$\neg(p \vee q) = \neg p \wedge \neg q \qquad \neg(p \wedge q) = \neg p \vee \neg q$$

3.5.2 Leyes de De Morgan para múltiples variables

Las leyes de De Morgan que hemos demostrado en la sección precedente relacionan dos variables, pero son generalizables a múltiples variables:

$$\overline{(x_1 + x_2 + \cdots + x_n)} = \overline{x}_1 \cdot \overline{x}_2 \cdot \cdots \cdot \overline{x}_n$$

$$\overline{(x_1 \cdot x_2 \cdot \cdots \cdot x_n)} = \overline{x}_1 + \overline{x}_2 + \cdots + \overline{x}_n$$

La demostración por inducción es sencilla partiendo de dos variables si suponemos que $y = r + s$:

$$\overline{x + y} = \overline{x} \cdot \overline{y}$$
$$\overline{x + r + s} = \overline{x} \cdot \overline{r + s}$$
$$\overline{x + r + s} = \overline{x} \cdot \overline{r} \cdot \overline{s}$$

La extensión a n variables es evidente. La demostración para la operación de multiplicación se realiza de forma análoga y resulta trivial asumiendo que $y = r \cdot s$.

Escribamos ahora las expresiones despejadas para n variables:

$$(x_1 + x_2 + \cdots + x_n) = \overline{\overline{x}_1 \cdot \overline{x}_2 \cdot \cdots \cdot \overline{x}_n}$$

$$(x_1 \cdot x_2 \cdot \cdots \cdot x_n) = \overline{\overline{x}_1 + \overline{x}_2 + \cdots + \overline{x}_n}$$

Esto nos da una pista acerca de cómo escribir una función intercambiando la operación de suma por la multiplicación y viceversa[15]. Hay que negar las variables, invertir los operadores y negar toda la función. A veces, se habla de doble negación, aunque no es un lenguaje absolutamente preciso, ya que primero nos referimos a negar variables y luego la función completa.

[15] Recordemos que no es aplicable el principio de dualidad, que es propio de identidades.

Problemas propuestos

3.1 Verifique que se cumple la ley o propiedad conmutativa para la suma a través de las tablas de verdad.

3.2 Verifique que se cumple la ley o propiedad conmutativa para la multiplicación a través de las tablas de verdad.

3.3 Verifique que se cumple la ley o propiedad asociativa para la multiplicación a través de las tablas de verdad.

3.4 Verifique que se cumple la ley o propiedad distributiva para la suma a través de las tablas de verdad.

3.5 Verifique que se cumple la ley o propiedad distributiva para la multiplicación a través de las tablas de verdad.

3.6 Verifique la existencia del elemento neutro para la suma a través de las tablas de verdad.

3.7 Verifique la existencia del elemento neutro para la multiplicación a través de las tablas de verdad. **Solución:** Tenemos:

x	$x \cdot 1$
0	0
1	1

3.8 Verifique la existencia del elemento negado para la suma a través de las tablas de verdad. **Solución:** Tenemos:

x	$\overline{x}$	$x + \overline{x}$
0	1	1
1	0	1

3.9 Utilizando el modelo de interruptores, dibuje el esquema de la propiedad conmutativa para la suma.

3.10 Utilizando el modelo de interruptores, dibuje el esquemas de la propiedad conmutativa para la multiplicación.

3.11 Utilizando el modelo de interruptores, dibuje el esquema de la propiedad asociativa para la suma.

3.12 Utilizando el modelo de interruptores, dibuje el esquemas de la propiedad asociativa para la multiplicación.

3.13 A partir del principio de dualidad, ¿cuál sería la identidad equivalente a $x+(x \cdot y) = x$? **Solución:** $x \cdot (x + y) = x$.

3.14 A partir del principio de dualidad, ¿cuál sería la identidad equivalente a $x \cdot (\overline{x}+y) = x \cdot y$? **Solución:** $x + (\overline{x} \cdot y) = x + y$.

3.15 Proponga una demostración alternativa a la ofrecida en el texto para la ley de absorción de la suma. **Solución:** $x+(x \cdot y) = (x \cdot x)+(x \cdot y) = x \cdot (x+y) = x+(0 \cdot y) = x+0 = x$.

3.16 Proponga una demostración alternativa a la ofrecida en el texto para la ley de absorción de la multiplicación. **Solución:** $x \cdot (x + y) = (x + x) \cdot (x + y) = x + (x \cdot y) = x \cdot (1 + y) = x \cdot 1 = x$.

3.17 Verifique la ley de involución mediante el uso de tablas de verdad.

3.18 Verifique las leyes de De Morgan mediante el uso de tablas de verdad.

3.19 Dibuje los esquemas del modelo de interruptores para cada lado de la ley de De Morgan para la multiplicación.

3.20 Demuestre por inducción la ley de De Morgan para la multiplicación con n variables.

4 Puertas lógicas

4.1 Funciones lógicas básicas

Las tres leyes de composición interna del álgebra de Boole se corresponden con las puertas NOT, OR y AND, pero las leyes de De Morgan nos invitan a añadir la negación de la suma (NOR) y del producto (NAND), y por razones de conveniencia aritmética[1], se incorporan la disyunción exclusiva o suma exclusiva (XOR) y su negada (XNOR).

puerta	función	símbolo	tabla de verdad
NOT	$f(\mathsf{x}) = \overline{\mathsf{x}}$ $NOT(\mathsf{x}) = \overline{\mathsf{x}}$	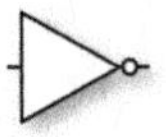	x s 0 1 1 0
OR	$f(\mathsf{x},\mathsf{y}) = \mathsf{x}+\mathsf{y}$ $OR(\mathsf{x},\mathsf{y}) = \mathsf{x}+\mathsf{y}$	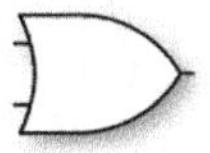	x y s 0 0 0 0 1 1 1 0 1 1 1 1
AND	$f(\mathsf{x},\mathsf{y}) = \mathsf{x}\cdot\mathsf{y}$ $AND(\mathsf{x},\mathsf{y}) = \mathsf{x}\cdot\mathsf{y}$	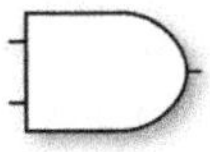	x y s 0 0 0 0 1 0 1 0 0 1 1 1
NOR	$f(\mathsf{x},\mathsf{y}) = \overline{\mathsf{x}+\mathsf{y}}$ $NOR(\mathsf{x},\mathsf{y}) = \overline{\mathsf{x}+\mathsf{y}}$	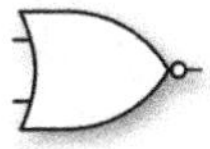	x y s 0 0 1 0 1 0 1 0 0 1 1 0
NAND	$f(\mathsf{x},\mathsf{y}) = \overline{\mathsf{x}\cdot\mathsf{y}}$ $NAND(\mathsf{x},\mathsf{y}) = \overline{\mathsf{x}\cdot\mathsf{y}}$	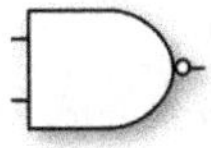	x y s 0 0 1 0 1 1 1 0 1 1 1 0
XOR	$f(\mathsf{x},\mathsf{y}) = \mathsf{x}\cdot\overline{\mathsf{y}}+\overline{\mathsf{x}}\cdot\mathsf{y}$ $XOR(\mathsf{x},\mathsf{y}) = \mathsf{x}\cdot\overline{\mathsf{y}}+\overline{\mathsf{x}}\cdot\mathsf{y}$	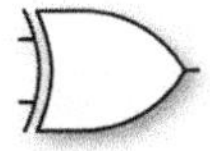	x y s 0 0 0 0 1 1 1 0 1 1 1 0
XNOR	$f(\mathsf{x},\mathsf{y}) = \overline{\mathsf{x}\cdot\overline{\mathsf{y}}+\overline{\mathsf{x}}\cdot\mathsf{y}}$ $XNOR(\mathsf{x},\mathsf{y}) = \overline{\mathsf{x}\cdot\overline{\mathsf{y}}+\overline{\mathsf{x}}\cdot\mathsf{y}}$	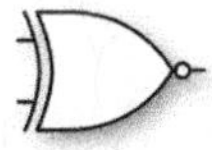	x y s 0 0 1 0 1 0 1 0 0 1 1 1

[1] La operación de suma modular base 2 es la disyunción exclusiva (cf. 3.2).

Para implementar otras funciones lógicas más complejas disponemos, por tanto, de estas siete puertas básicas. Veamos algunos ejemplos.

Ejemplo 4.1 Implementemos la función $f(\mathsf{x},\mathsf{y},\mathsf{z}) = \overline{\mathsf{x}} + (\mathsf{y}\cdot\mathsf{z})$.

Solución La función propuesta emplea los operadores correspondientes a las tres operaciones del álgebra de Boole (NOT, OR y AND), por lo que su realización es inmediata:

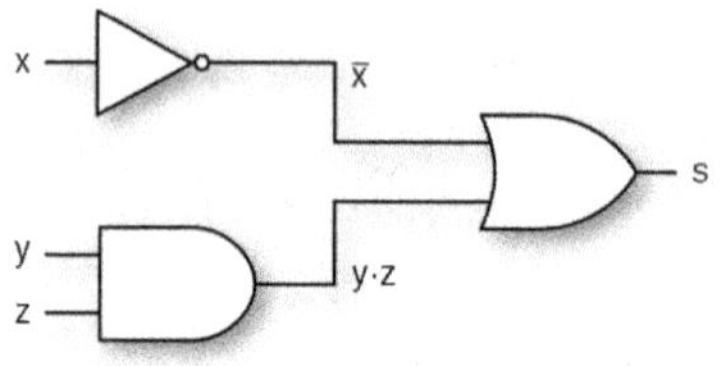

Figura 4.1 Circuito para $\overline{\mathsf{x}} + (\mathsf{y}\cdot\mathsf{z})$

Ejemplo 4.2 Sea la función $f(\mathsf{x},\mathsf{y},\mathsf{z}) = \overline{\mathsf{x}} + \overline{(\mathsf{y}\cdot\mathsf{z})}$. ¿Qué posibles realizaciones prácticas admite esta función lógica?

Solución En primer lugar, propondremos el esquema basado en las tres operaciones del álgebra de Boole:

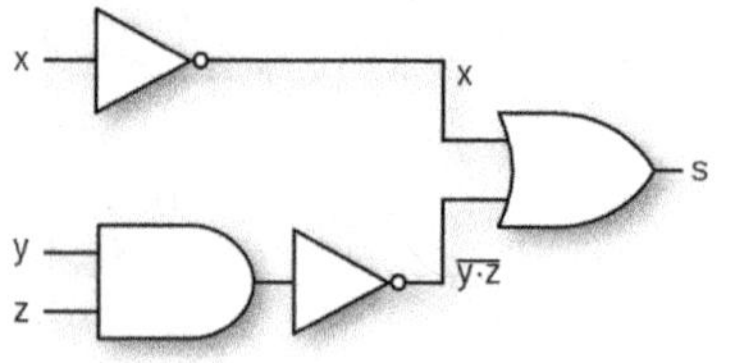

Figura 4.2 Circuito para $\overline{\mathsf{x}} + \overline{(\mathsf{y}\cdot\mathsf{z})}$.

Ahora bien, es fácil caer en la cuenta de que la negación del producto es el operador NAND, de manera que un esquema alternativo sería:

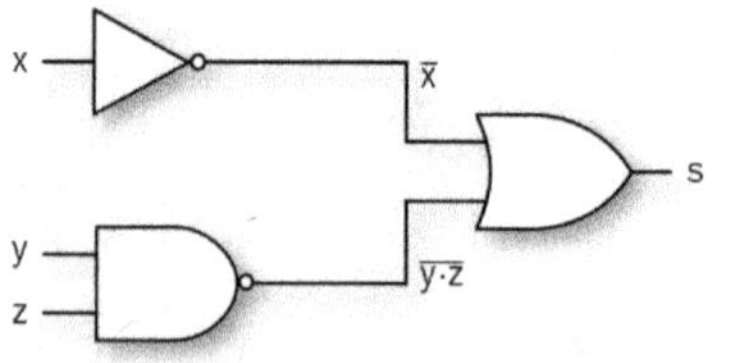

Figura 4.3 Circuito alternativo para $\overline{\mathsf{x}} + \overline{(\mathsf{y}\cdot\mathsf{z})}$.

No obstante, existen otras posibles implementaciones. A partir de la ley de De Morgan para la suma obtenemos: $\overline{\mathsf{x}} + \overline{(\mathsf{y}\cdot\mathsf{z})} = \overline{\mathsf{x}\cdot\mathsf{y}\cdot\mathsf{z}}$.

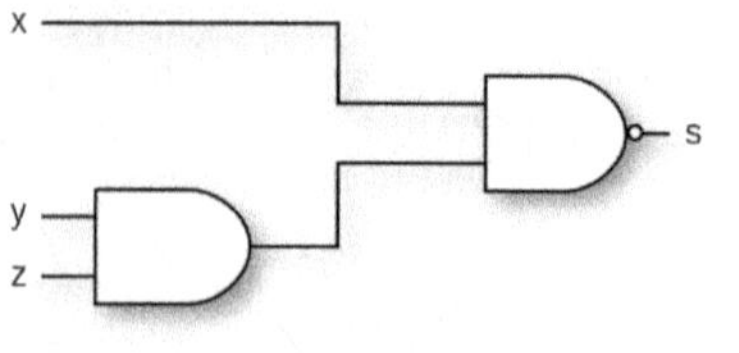

Figura 4.4 Otro posible circuito para $\overline{\mathsf{x}} + \overline{(\mathsf{y}\cdot\mathsf{z})}$.

Y, utilizando la ley de De Morgan para la multiplicación, damos con: $\overline{\mathsf{x}} + \overline{(\mathsf{y}\cdot\mathsf{z})} = \overline{\mathsf{x}} + \overline{\mathsf{y}} + \overline{\mathsf{z}}$.

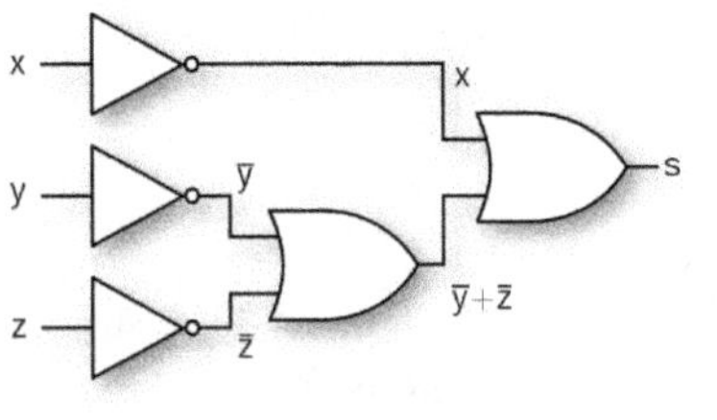

Figura 4.5 Un circuito más para $\overline{x} + \overline{(y \cdot z)}$.

Nótese que la misma función admite toda una serie de implementaciones cuya conveniencia final dependerá de factores de bajo nivel que iremos tratando más adelante. Animamos al lector a buscar otros esquemas válidos para la función ejemplo más allá de los incluidos hasta aquí.

Probablemente, los ejemplos anteriores induzcan a cuestionarse si existe algún subconjunto de puertas lógicas que permita realizar cualquier función. También es razonable preguntarse acerca de las equivalencias entre puertas o si podemos disponer de operadores con más de dos entradas (véase la figura 4.4). Todos estos temas los iremos tratando a continuación.

Especial atención merecen también las puertas XOR y su negada XNOR. Alguien podría señalar que no son "básicas" puesto que, por su propia definición, derivan de una combinación de las tres operaciones del álgebra de Boole sobre dos variables. No obstante, siendo esto cierto, veremos que sí pueden ser básicas a bajo nivel en determinadas ocasiones. Unido esto a su importancia en la aritmética computacional y en otras variadas funcionalidades, las convierten en operadores indispensables, merecedores de ser enumerados entre los fundamentales.

4.2 Subconjuntos completos

Denominamos subconjunto funcionalmente completo a una colección de puertas básicas que permite implementar cualquier función lógica. Evidentemente, la terna formada por los operadores NOT, OR y AND es funcionalmente completa por la propia definición del álgebra de Boole, y bastaría para realizar cualquier otra función, ya sea como suma de productos o producto de sumas.

Sin embargo, las parejas NOT-OR y NOT-AND también son funcionalmente completas. Basta con recordar que las leyes de De Morgan nos permiten pasar de expresiones en sumas lógicas a expresiones equivalentes en productos lógicos para comprender que podemos prescindir de la operación OR o de la operación AND, según nos convenga.

Ejemplo 4.3 Sea la función $f(x, y, z) = (\overline{x} \cdot \overline{z}) + (y \cdot z)$ expresada como suma de productos, cuyo esquema presentamos seguidamente:

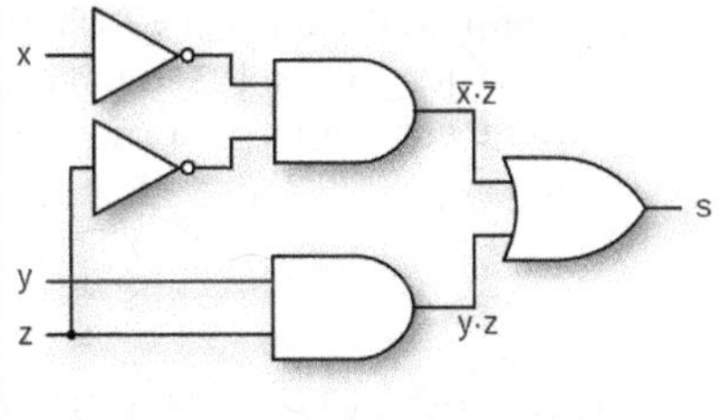

Figura 4.6 Circuito para $(\overline{x} \cdot \overline{z}) + (y \cdot z)$.

Eliminemos los productos, para demostrar que la pareja NOT-OR es completa.

Solución En base a las leyes de De Morgan podemos escribir: $f(x, y, z) = (\bar{x} \cdot \bar{z}) + (y \cdot z) = \overline{(x + z)} + \overline{(\bar{y} + \bar{z})}$, cuyo esquema queda así:

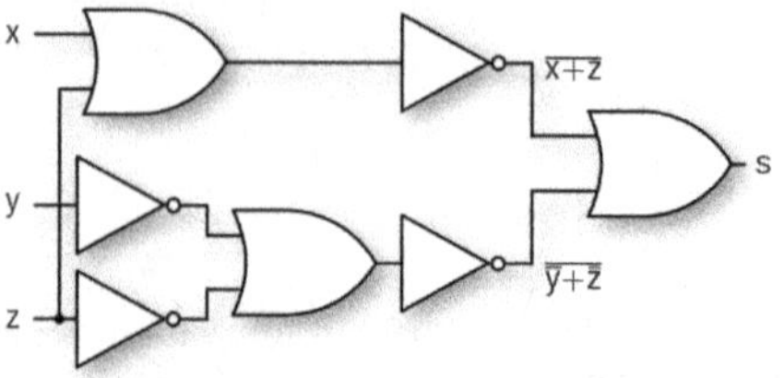

Figura 4.7 Circuito NOT-OR para $(\bar{x} \cdot \bar{z}) + (y \cdot z)$.

Ejemplo 4.4 Eliminemos ahora las sumas, para demostrar que la pareja NOT-AND también es completa.

Solución En base a las leyes de De Morgan podemos escribir: $f(x, y, z) = (\bar{x} \cdot \bar{z}) + (y \cdot z) = \overline{\overline{(\bar{x} \cdot \bar{z})} \cdot \overline{(y \cdot z)}}$, cuyo esquema queda así:

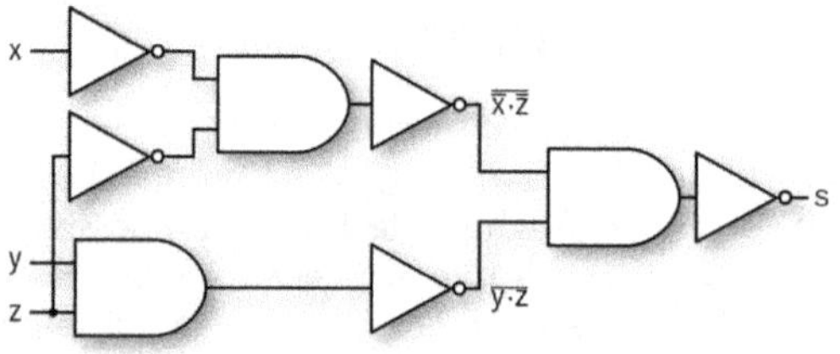

Figura 4.8 Circuito NOT-AND para $(\bar{x} \cdot \bar{z}) + (y \cdot z)$.

Lo que muestran los ejemplos es que la reducción del subconjunto completo a dos operaciones conlleva incrementar el número de puertas lógicas utilizadas para realizar la misma función. Sin embargo, el lector avispado se habrá percatado de que algunas de las nuevas combinaciones corresponden a las puertas NOR o NAND, tal y como ilustra la siguiente figura:

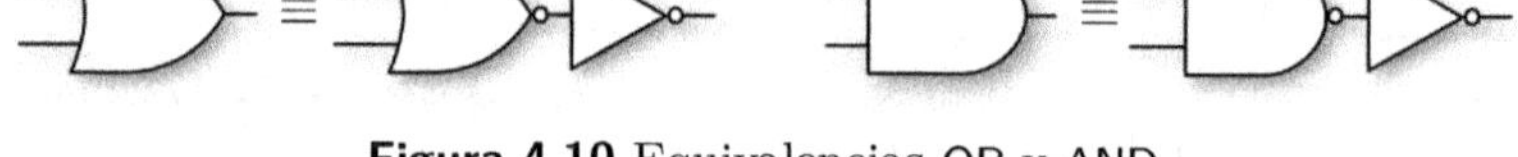

Figura 4.9 Equivalencias NOR y NAND.

Siendo ciertas también las equivalencias en sentido contrario:

Figura 4.10 Equivalencias OR y AND.

Esto significa que las parejas de subconjuntos completos NOT-OR y NOT-AND podrían convertirse en NOT-NOR y NOT-NAND, aunque en la sección siguiente vamos a demostrar que podemos reducir el cardinal del subconjunto funcionalmente completo a la unidad.

4.3 Puertas universales

Anteriormente hemos relacionado las puertas básicas NOR y NAND con las leyes de De Morgan. Supongamos que la variable $y = x$. Tendremos:

$$\overline{x \cdot x} = \bar{x} + \bar{x} = \bar{x} \qquad \overline{x + x} = \bar{x} \cdot \bar{x} = \bar{x}$$

Por el teorema de la idempotencia. De manera que, cuando ambas[2] entradas son idénticas, las puertas NOR y NAND se convierten en inversores, esto es, sustituyen a la puerta NOT.

Figura 4.11 Equivalencia NOT con NOR y NAND.

En definitiva, las puertas NOR y NAND se dice que son universales, ya que cada una por separado constituye un subconjunto funcionalmente completo.

Ejemplo 4.5 Dibujemos el esquema correspondiente a la función del ejemplo previo mediante puertas universales NAND.

Solución Recordemos que la función es $f(x, y, z) = (\bar{x} \cdot \bar{z}) + (y \cdot z) = \overline{\overline{(\bar{x} \cdot \bar{z})} \cdot \overline{(y \cdot z)}}$ y, por tanto, nos queda:

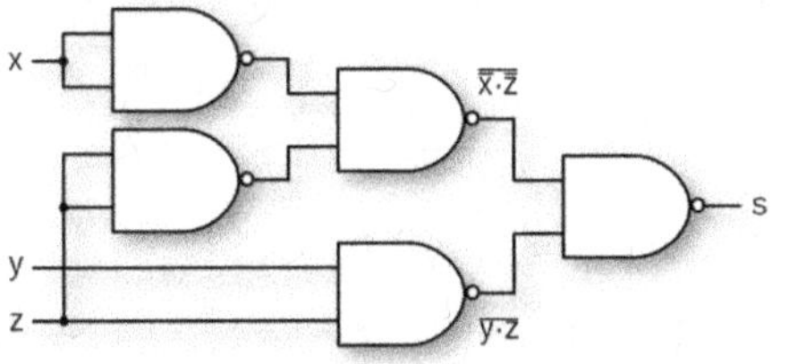

Figura 4.12 Circuito NAND para $(\bar{x} \cdot \bar{z}) + (y \cdot z)$.

Nótese que se ha reducido el número total de puertas lógicas utilizadas en el diseño cuando sólo se emplea una de las universales.

En general, cualquier suma de productos se transforma de manera directa en un circuito equivalente con puertas universales NAND. Algo similar ocurre si la función es un producto de sumas, en cuyo caso el equivalente sólo cuenta con universales NOR. Recordemos las expresiones de las leyes de De Morgan despejadas para n variables:

$$(x_1 + x_2 + \cdots + x_n) = \overline{\bar{x}_1 \cdot \bar{x}_2 \cdot \cdots \cdot \bar{x}_n}$$

$$(x_1 \cdot x_2 \cdot \cdots \cdot x_n) = \overline{\bar{x}_1 + \bar{x}_2 + \cdots + \bar{x}_n}$$

En el primer caso, si $x_i = y_i \cdot z_i$ está claro que tenemos una NAND de NANDs. Otro tanto sucede en el segundo caso. Si $x_i = y_i + z_i$ tenemos una NOR de NORs.

Analicemos una típica suma de productos $f(x, y, z, w) = x \cdot y + z \cdot w$, cuyas equivalencias, gracias a las leyes de De Morgan, enumeramos a continuación:

$$\begin{aligned} x \cdot y + z \cdot w &\equiv \overline{\overline{(x \cdot y)} \cdot \overline{(z \cdot w)}} \\ &\equiv \overline{(\bar{x} + \bar{y}) \cdot (\bar{z} + \bar{w})} \\ &\equiv \overline{(\bar{x} + \bar{y})} + \overline{(\bar{z} + \bar{w})} \end{aligned}$$

Como vemos, se obtienen tres identidades: la primera contiene sólo universales NAND, la segunda es una NAND de sumas y la tercera es una suma de NOR.

La figura siguiente ilustra gráficamente el paso en tres etapas de la suma de productos al esquema con universales NAND. Se añaden los círculos inversores para facilitar la comprensión de la transformación.

2 Si tuviéramos más de dos entradas, todas deberían estar conectadas a la misma variable.

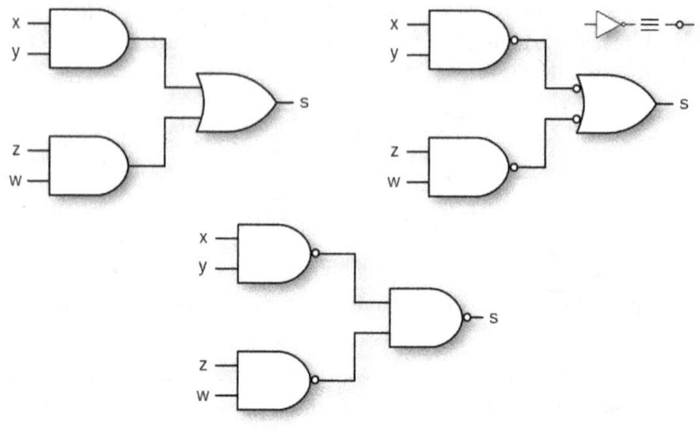

Figura 4.13 Suma de productos como red NAND.

Algo similar podemos hacer con un típico producto de sumas:

$$
\begin{aligned}
(x+y)\cdot(z+w) &\equiv \overline{\overline{(x+y)}+\overline{(z+w)}}\\
&\equiv \overline{(\overline{x}\cdot\overline{y})+(\overline{z}\cdot\overline{w})}\\
&\equiv \overline{(\overline{x}\cdot\overline{y})}\cdot\overline{(\overline{z}\cdot\overline{w})}
\end{aligned}
$$

De las tres identidades obtenidas, la primera sólo utiliza universales NOR, la segunda es una NOR de productos y la tercera es un producto de NAND. Nótese que las tres identidades se reducen a las tres del caso precedente por el principio de dualidad. Ahora bien, el principio de dualidad no equipara la suma de productos con el producto de sumas, como ya se advirtió en el capítulo precedente:

$$x\cdot y+z\cdot w \not\equiv (x+y)\cdot(z+w)$$

La equiparación se realiza negando las variables, invirtiendo los operadores y volviendo a negar toda la función, es decir, con la segunda identidad en ambos casos.

La figura siguiente ilustra gráficamente el paso en tres etapas del producto de sumas al esquema con universales NOR.

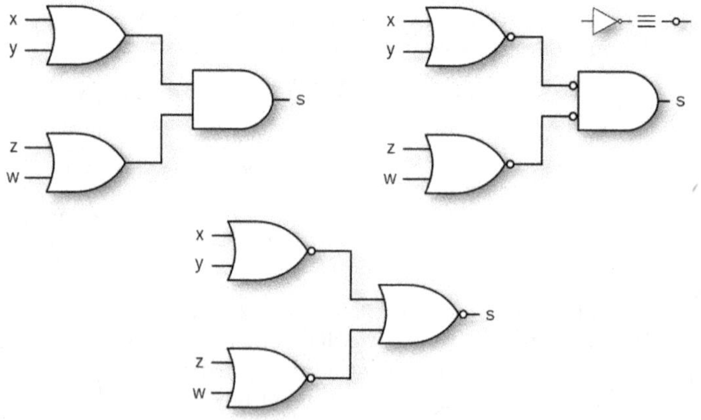

Figura 4.14 Producto de sumas como red NOR.

4.4 Puertas con más de dos entradas

Hasta el momento, hemos manejado puertas de dos entradas, pero sabemos que es habitual encontrar funciones lógicas que demandan más entradas. Cuando no disponemos de tantas entradas como necesitamos, hemos de realizar composiciones. Por ejemplo, basándonos en puertas convencionales de dos entradas, podemos alcanzar las siguientes funciones de 3 y 4 entradas respectivamente:

$$\mathsf{x} + \mathsf{y} + \mathsf{z} \equiv (\mathsf{x} + \mathsf{y}) + \mathsf{z} \equiv \mathsf{x} + (\mathsf{y} + \mathsf{z})$$

$$\mathsf{x} \cdot \mathsf{y} \cdot \mathsf{z} \equiv (\mathsf{x} \cdot \mathsf{y}) \cdot \mathsf{z} \equiv \mathsf{x} \cdot (\mathsf{y} \cdot \mathsf{z})$$

$$\mathsf{x} \cdot \mathsf{y} \cdot \mathsf{z} \cdot \mathsf{w} \equiv ((\mathsf{x} \cdot \mathsf{y}) \cdot \mathsf{z}) \cdot \mathsf{w} \equiv (\mathsf{x} \cdot \mathsf{y}) \cdot (\mathsf{z} \cdot \mathsf{w})$$

$$\mathsf{x} + \mathsf{y} + \mathsf{z} + \mathsf{w} \equiv ((\mathsf{x} + \mathsf{y}) + \mathsf{z}) + \mathsf{w} \equiv (\mathsf{x} + \mathsf{y}) + (\mathsf{z} + \mathsf{w})$$

$$\overline{\mathsf{x} \cdot \mathsf{y} \cdot \mathsf{z} \cdot \mathsf{w}} \equiv \overline{(\mathsf{x} \cdot \mathsf{y} \cdot \mathsf{z} \cdot \mathsf{w})} \equiv \overline{((\mathsf{x} \cdot \mathsf{y}) \cdot \mathsf{z}) \cdot \mathsf{w}} \equiv \overline{(\mathsf{x} \cdot \mathsf{y})} + \overline{(\mathsf{z} \cdot \mathsf{w})}$$

$$\overline{\mathsf{x} + \mathsf{y} + \mathsf{z} + \mathsf{w}} \equiv \overline{(\mathsf{x} + \mathsf{y} + \mathsf{z} + \mathsf{w})} \equiv \overline{((\mathsf{x} + \mathsf{y}) + \mathsf{z}) + \mathsf{w}} \equiv \overline{(\mathsf{x} + \mathsf{y})} \cdot \overline{(\mathsf{z} + \mathsf{w})}$$

Como vemos, cualquier puerta lógica de más de dos entradas se puede construir mediante la composición de puertas de dos entradas, a costa de aumentar la complejidad del diseño. La composición de puertas AND y OR es asociativa y consiste en una sucesión de puertas del mismo tipo, mientras que la composición de las universales no es asociativa, pero admite dos enfoques: una sucesión de la puerta "hermana" (la AND para la NAND y la OR para la NOR) finalizada en su universal; o una sucesión entrelazada de universales alternas, comenzando en la del tipo original[3], que finaliza con un inversor cuando el número de niveles es par.

De las identidades enumeradas más arriba, también podemos deducir que se admiten dos tipos de configuraciones: serie (o cadena o cascada) o paralelo (o árbol).

Ejemplo 4.6 A partir de puertas OR de 2 entradas, sinteticemos una de 4 entradas.

Solución Tenemos dos opciones: usar una configuración en serie (o cadena o cascada) o usar una en paralelo (o árbol). La figura muestra ambas.

Figura 4.15 Dos posibles síntesis para una OR de 4 entradas.

Ambas opciones requieren $n-1$ puertas, es decir, tienen una complejidad (cf. 1.4.2) en número de elementos activos $\mathcal{O}(n)$. Sin embargo, el camino que siguen las señales es diferente en cada caso. La opción de la izquierda presenta una longitud proporcional a n, es decir, de complejidad $\mathcal{O}(n)$, mientras que la de la derecha tiene una complejidad $\mathcal{O}(\log_2 n)$. En general, la opción paralela, con puertas de f entradas, ofrece una complejidad temporal $\mathcal{O}(\log_f n)$.

Ejemplo 4.7 Utilizando puertas universales de 2 entradas, sinteticemos una NOR de 4 entradas.

Solución La figura ilustra tres posibles síntesis para la función pedida: dos basadas en la puerta "hermana" y otra en la alternancia de universales, donde el inversor final se ha construido con una puerta universal también.

---

[3] También se admite comenzar por el tipo opuesto, pero con las entradas negadas, y se añade un inversor a la salida si el número de niveles (sin inversores entrantes) es impar.

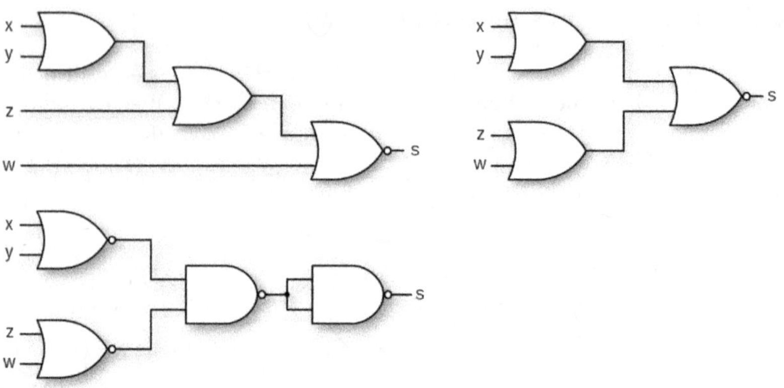

Figura 4.16 Posibles síntesis para una NOR de 4 entradas.

Como vemos, en el último caso, la composición es una sucesión de niveles alternos NAND y NOR, que comienza por el tipo pedido y finaliza con un inversor, ya que el número de niveles es par. Desde el punto de vista de la complejidad, es irrelevante sustituir las dos puertas finales por una AND. El número de elementos activos es $\mathcal{O}(n)$, mientras que la longitud de la señal es $\mathcal{O}(\log_f n)$, siendo $f = 2$ el número de entradas de las puertas.

Ejemplo 4.8 Utilizando puertas universales de 2 entradas, sinteticemos una NAND de 8 entradas.

Solución Supongamos que las entradas son e_i con $i \in [0, 7]$. Tendremos:

$$\begin{aligned}\overline{e_0 \cdot e_1 \cdot e_2 \cdot e_3 \cdot e_4 \cdot e_5 \cdot e_6 \cdot e_7} &\equiv \overline{(e_0 \cdot e_1 \cdot e_2 \cdot e_3)} + \overline{(e_4 \cdot e_5 \cdot e_6 \cdot e_7)} \\ &\equiv \overline{(e_0 \cdot e_1)} + \overline{(e_2 \cdot e_3)} + \overline{(e_4 \cdot e_5)} + \overline{(e_6 \cdot e_7)} \\ &\equiv \overline{\overline{\overline{(e_0 \cdot e_1)} + \overline{(e_2 \cdot e_3)}}} \cdot \overline{\overline{\overline{(e_4 \cdot e_5)} + \overline{(e_6 \cdot e_7)}}}\end{aligned}$$

Cuyo esquema se muestra a continuación:

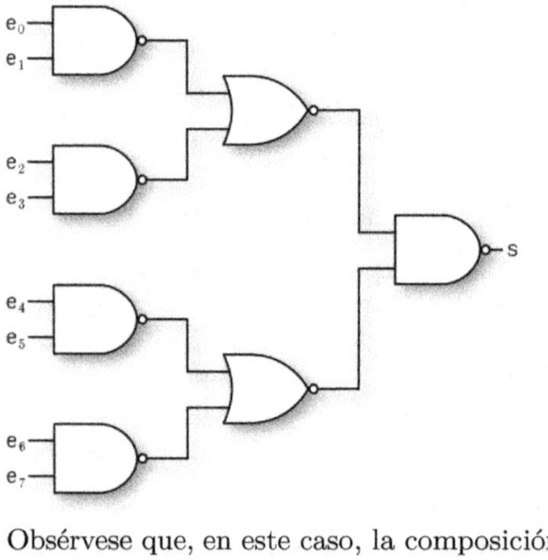

Figura 4.17 Síntesis de una NAND de 8 entradas.

Obsérvese que, en este caso, la composición comienza con un nivel de puertas NAND, seguido de otro de puertas NOR, y finaliza con una puerta NAND, cuya salida no requiere ser invertida pues el número de niveles es impar. Las complejidades asociadas al circuito son las mismas que las del ejemplo anterior.

Alternativamente, podríamos haber realizado una síntesis con puertas AND finalizando en una NAND.

En ocasiones, podemos disponer de puertas de más de dos entradas de las que se necesita utilizar un número menor de ellas. En estos casos, basta con conectar las entradas sobrantes al elemento neutro de cada puerta (0 para la suma y 1 para la multiplicación).

Ejemplo 4.9 Supongamos que disponemos de puertas AND de 4 entradas. ¿Cómo será la realización práctica de la función $f(x, y, z) = x \cdot y \cdot z$?

Solución Puesto que el elemento neutro del producto es el 1 tendremos:

$f(x, y, z) = x \cdot y \cdot z \cdot 1 = x \cdot y \cdot z.$

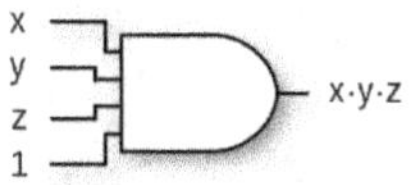

Figura 4.18 AND de 3 entradas a partir de una puerta de 4.

4.5 Las puertas XOR y XNOR

La puerta XOR u OR exclusiva de dos entradas se define como aquella cuya salida es verdadera si una, y sólo una, de las entradas es verdadera, es decir, la salida es falsa cuando ambas entradas son del mismo valor. La operación suma exclusiva tiene su propio signo ($\oplus$):

$$x \,\mathrm{XOR}\, y = x \cdot \overline{y} + \overline{x} \cdot y = x \oplus y$$

Ya dijimos que las incluíamos entre las básicas por su relación con el cálculo aritmético, puesto que la OR exclusiva representa la suma módulo 2, pero lo cierto es que tiene un amplísimo catálogo de aplicaciones[4] que iremos descubriendo poco a poco. La función XOR se puede describir con cualquiera de estas ecuaciones lógicas:

$$\begin{aligned}
x \oplus y = x \cdot \overline{y} + \overline{x} \cdot y &\equiv \overline{(\overline{x} + y)} + \overline{(x + \overline{y})} \equiv \overline{(\overline{x} + y) \cdot (x + \overline{y})} \\
&\equiv \overline{x \cdot \overline{x} + x \cdot y + \overline{x} \cdot \overline{y} + y \cdot \overline{y}} \equiv \overline{x \cdot y + \overline{x} \cdot \overline{y}} \\
&\equiv \overline{\overline{(\overline{x} + \overline{y})} + \overline{(x + y)}} \\
&\equiv (x + y) \cdot (\overline{x} + \overline{y}) \equiv (x + y) \cdot \overline{(x \cdot y)} \\
&\equiv x \cdot \overline{(x \cdot y)} + y \cdot \overline{(x \cdot y)} \\
&\equiv \overline{\overline{(x \cdot \overline{(x \cdot y)})} \cdot \overline{(y \cdot \overline{(x \cdot y)})}} \\
&\equiv \overline{\overline{(x \cdot (\overline{x} + \overline{y}))} \cdot \overline{(y \cdot (\overline{x} + \overline{y}))}} \\
&\equiv \overline{\overline{(x \cdot \overline{x} + x \cdot \overline{y})} \cdot \overline{(\overline{x} \cdot y + y \cdot \overline{y})}} \\
&\equiv \overline{\overline{(x \cdot \overline{y})} \cdot \overline{(\overline{x} \cdot y)}}
\end{aligned}$$

La tercera línea representa la síntesis con puertas universales NOR mientras que la sexta y novena utilizan puertas universales NAND. La sexta tiene la ventaja de no requerir entradas negadas. La figura 4.19 muestra tres síntesis de la XOR con universales.

El negado de la suma exclusiva es la función XNOR:

$$x \,\mathrm{XNOR}\, y = \overline{x \cdot \overline{y} + \overline{x} \cdot y} = \overline{x \oplus y} \equiv x \cdot y + \overline{x} \cdot \overline{y}$$

[4] Detecta la desigualdad y, por tanto, se usa como comparador o controlador para la regla de signos. También, permite implementar inversores condicionales y detectores de paridad.

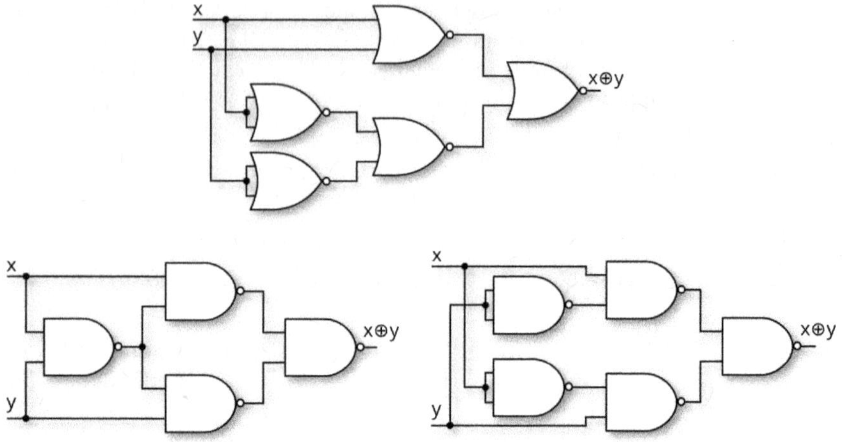

Figura 4.19 Síntesis de la puerta XOR con puertas universales.

Cuya equivalencia demostramos a continuación:

$$\begin{aligned}\overline{x \oplus y} = \overline{x \cdot \overline{y} + \overline{x} \cdot y} &\equiv \overline{(x \cdot \overline{y})} \cdot \overline{(\overline{x} \cdot y)}\\ &\equiv (\overline{x} + y) \cdot (x + \overline{y})\\ &\equiv x \cdot \overline{x} + x \cdot y + y \cdot \overline{y} + \overline{x} \cdot \overline{y}\\ &\equiv x \cdot y + \overline{x} \cdot \overline{y}\end{aligned}$$

Dada una síntesis con universales de una puerta XOR, basta con intercambiar las puertas NAND por las puertas NOR y viceversa para obtener una síntesis válida para la puerta XNOR. La regla se cumple en sentido contrario.

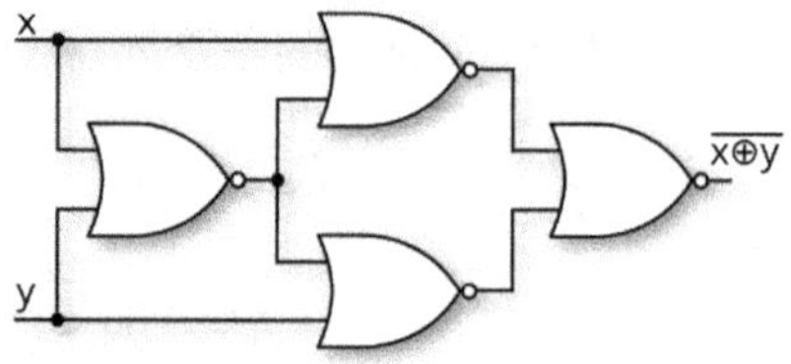

Figura 4.20 Síntesis XNOR con puertas universales.

Existe una relación interesante entre la suma exclusiva y su negada: basta con negar una de las entradas de cualquiera de ellas, para que la salida sea negada, es decir, negar una entrada de la XOR la convierte en la XNOR y viceversa. Lo vamos a demostrar suponiendo que negamos la entrada y, pero sería igual con x. Sea $y' \equiv \overline{y}$ de donde deducimos que:

$$x \oplus y \equiv x \cdot \overline{y} + \overline{x} \cdot y \equiv x \cdot y' + \overline{x} \cdot \overline{y'} \equiv \overline{x \oplus y'} \equiv \overline{x \oplus \overline{y}}$$

Esto es:

$$x \text{ XOR } y \equiv x \text{ XNOR } \overline{y} \equiv \overline{x} \text{ XNOR } y$$

4.5.1 Propiedades de la XOR

Existen algunas propiedades de la puerta lógica XOR que resultan verdaderamente interesantes desde el punto de vista práctico:

$$x \oplus y = \overline{x} \oplus \overline{y} \qquad x \oplus 0 = x \qquad x \oplus x = 0$$
$$x \oplus 1 = \overline{x} \qquad x \oplus \overline{x} = 1$$

Nótese que la función suma exclusiva con 1 trabaja como inversor. De esta forma, si la señal y se considera una señal de control, lo que conseguimos es invertir x a voluntad. Por otra parte, la suma exclusiva de una señal consigo misma produce un 0 lo cual puede ser útil en operaciones de reseteo.

4.5.2 Puerta XOR de más de dos entradas

La extensión de la definición de esta puerta a más de dos entradas plantea una disyuntiva: o produce una salida verdadera si una, y sólo una, de esas entradas es verdadera, o se considera como la suma módulo-2 en aritmética modular.

Ambas opciones son absolutamente compatibles con la tabla de verdad de la OR exclusiva de dos entradas. La primera opción se conoce como detector *one-hot*, mientras que la segunda puede verse como la suma binaria o como un detector de paridad, y representa el resultado de una cascada de puertas XOR de dos entradas, similar a las expuestas en algunos de los ejemplos precedentes. La tabla siguiente reúne ambas especificaciones para el caso de 4 entradas.

e_3	e_2	e_1	e_0	one-hot	suma mod2
0	0	0	0	0	0
0	0	0	1	1	1
0	0	1	0	1	1
0	0	1	1	0	0
0	1	0	0	1	1
0	1	0	1	0	0
0	1	1	0	0	0
0	1	1	1	0	1

e_3	e_2	e_1	e_0	one-hot	suma mod2
1	0	0	0	1	1
1	0	0	1	0	0
1	0	1	0	0	0
1	0	1	1	0	1
1	1	0	0	0	0
1	1	0	1	0	1
1	1	1	0	0	1
1	1	1	1	0	0

La segunda opción es la más habitual y justifica de sobra la importancia de la puerta XOR, ya que la suma binaria está presente en cualquier operación aritmética del computador. Veamos, entonces, la suma binaria módulo-2 de tres entradas:

$$x \oplus y \oplus z = x \cdot y \cdot z + x \cdot \overline{y} \cdot \overline{z} + \overline{x} \cdot y \cdot \overline{z} + \overline{x} \cdot \overline{y} \cdot z$$

$$x \oplus y \oplus z = x \cdot (y \cdot z + \overline{y} \cdot \overline{z}) + \overline{x} \cdot (y \cdot \overline{z} + \overline{y} \cdot z) = x \cdot (\overline{y \oplus z}) + \overline{x} \cdot (y \oplus z)$$

Pero también son válidas el resto de asociaciones:

$$x \oplus y \oplus z = (x \oplus y) \cdot \overline{z} + (\overline{x \oplus y}) \cdot z = (x \oplus z) \cdot \overline{y} + (\overline{x \oplus z}) \cdot y$$

De tal manera, que la asociación de puertas XOR es una sucesión de puertas del mismo tipo, tal y como sucedía con las AND u OR.

$$x \oplus y \oplus z = x \oplus (y \oplus z) = (x \oplus y) \oplus z = (x \oplus z) \oplus y$$

Para una puerta XOR de 4 entradas tendríamos las siguientes identidades:

$$x \oplus y \oplus z \oplus w \equiv ((x \oplus y) \oplus z) \oplus w \equiv (x \oplus y) \oplus (z \oplus w)$$

Que, como vemos, también admite la asociación en serie o en paralelo, ofreciendo las complejidades ya vistas en número de elementos activos (espacio) y longitud del camino a recorrer (tiempo).

Ejemplo 4.10 Sinteticemos una puerta XOR de 4 entradas a partir de puertas XOR de 2 entradas.

Solución Se puede realizar un síntesis serie $(((x \oplus y) \oplus z) \oplus w)$ o paralelo $((x \oplus y) \oplus (z \oplus w))$:

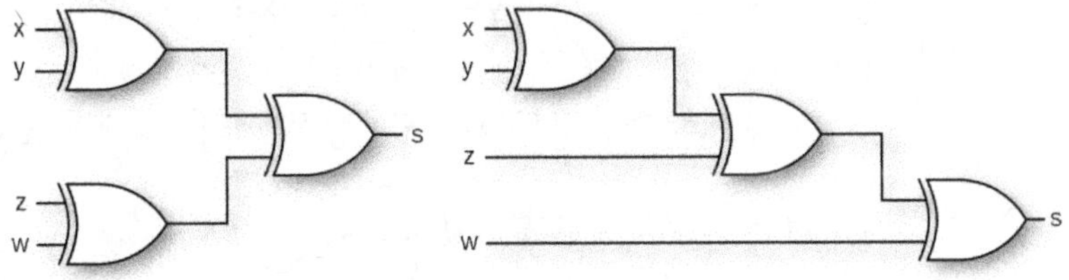

Figura 4.21 Posibles síntesis para una XOR de 4 entradas.

Ejemplo 4.11 Demostremos que $x \oplus x \oplus y = y$.

Solución Tenemos $x \oplus x \oplus y = (x \oplus x) \oplus y = 0 \oplus y = y$.

Ejemplo 4.12 Demostremos que $\overline{x \oplus y} \oplus x = \overline{y}$.

Solución Tenemos $\overline{x \oplus y} \oplus x = (x \oplus \overline{y}) \oplus x = (x \oplus x) \oplus \overline{y} = 0 \oplus \overline{y} = \overline{y}$.

Alternativamente, también tenemos: $\overline{x \oplus y} \oplus x = (\overline{x} \oplus y) \oplus x = (\overline{x} \oplus x) \oplus y = 1 \oplus y = \overline{y}$.

¿Qué sucede con la suma exclusiva negada de más de dos entradas? Tal y como sucedía con las universales, que son salidas negadas de la suma y del producto, ahora tampoco se admite una sucesión de puertas XNOR, pues la negada de la suma exclusiva tampoco es asociativa. La composición se puede realizar en base a puertas XOR, negando la salida, como vemos en las identidades siguientes:

$$\overline{x \oplus y \oplus z \oplus w} \equiv \overline{((x \oplus y) \oplus z) \oplus w} \equiv \overline{(x \oplus y) \oplus (z \oplus w)}$$

No obstante, observamos un comportamiento curioso a primera vista:

$$\overline{x \oplus y \oplus z} \equiv \overline{x} \oplus y \oplus z \equiv x \oplus \overline{y} \oplus z \equiv x \oplus y \oplus \overline{z}$$

Pero también podemos asociar la negación de 2 en 2 variables:

$$\overline{x \oplus y \oplus z} \equiv \overline{x \oplus y} \oplus z \equiv x \oplus \overline{y \oplus z}$$

Lo cual significa que la XNOR de 3 variables es la negación de la salida de la XOR de esas tres variables o la XOR de las variables con una y sólo una cualquiera de ellas negada, o la XNOR de dos cualquier de las variables con la XOR de la restante.

Veamos dos posibles demostraciones:

$$\overline{x \oplus y \oplus z} = \overline{x} \cdot \overline{y} \cdot \overline{z} + x \cdot y \cdot \overline{z} + \overline{x} \cdot y \cdot z + x \cdot \overline{y} \cdot z = (\overline{x \oplus y}) \cdot \overline{z} + (x \oplus y) \cdot z = (\overline{x \oplus y}) \oplus z = (x \oplus y) \oplus \overline{z}$$

$$\overline{x \oplus y \oplus z} = \overline{(x \oplus y) \oplus z} = (\overline{x \oplus y}) \oplus z = (x \oplus y) \oplus \overline{z}$$

Si tuviéramos 4 variables sucedería lo siguiente:

$$\overline{x \oplus y \oplus z \oplus w} \equiv \overline{x} \oplus y \oplus z \oplus w \equiv x \oplus \overline{y} \oplus z \oplus w \equiv x \oplus y \oplus \overline{z} \oplus w \equiv x \oplus y \oplus z \oplus \overline{w}$$

Cuya demostración es:

$$\overline{x \oplus y \oplus z \oplus w} = \overline{(x \oplus y \oplus z) \oplus w} = (\overline{x \oplus y \oplus z}) \oplus w = (x \oplus y \oplus z) \oplus \overline{w}$$

En definitiva, la XNOR de n variables es la XOR de las variables con una y sólo una puerta cualquiera de ellas con la salida negada, esto es, con una única XNOR en toda la composición, o, alternativamente, una composición sólo de XOR con una única entrada negada.

$$\begin{aligned}
\overline{x \oplus y \oplus z \oplus w} &\equiv \overline{(x \oplus y \oplus z) \oplus w} \equiv \overline{((x \oplus y) \oplus z) \oplus w} \\
&\equiv (\overline{x \oplus y \oplus z}) \oplus w \equiv (\overline{(x \oplus y)} \oplus z) \oplus w \\
&\equiv ((\overline{x} \oplus y) \oplus z) \oplus w \equiv ((x \oplus y) \oplus z) \oplus \overline{w} \\
&\equiv \overline{(x \oplus y) \oplus (w \oplus z)} \\
&\equiv \overline{(x \oplus y)} \oplus (w \oplus z) \\
&\equiv (\overline{x} \oplus y) \oplus (w \oplus z)
\end{aligned}$$

Problemas propuestos

4.1 Dibuje al menos un esquema que sintetice la función $f(x, y) = (x + \overline{y}) \cdot (\overline{x} + y)$.

4.2 Dibuje al menos un esquema que sintetice la función $f(x, y) = (x+y) \cdot (x+\overline{y}) \cdot (\overline{x}+y)$.

4.3 Dibuje al menos un esquema que sintetice la función $f(x, y, z) = x + (y \cdot z)$.

4.4 Dibuje al menos un esquema que sintetice la función $f(x, y, z) = x + \overline{(y \cdot z)}$.

4.5 Dibuje al menos un esquema que sintetice la función $f(x, y, z, w) = (x \cdot z \cdot w) + \overline{(y \cdot z)}$.

4.6 Dibuje al menos un esquema que sintetice la función $f(x, y, z, w) = (\overline{x} \cdot z \cdot w) + (y \cdot \overline{z})$.

4.7 Dibuje el esquema correspondiente a la función $f(x, y, z) = (\overline{x} \cdot \overline{z}) + (y \cdot z)$ utilizando solamente puertas universales NOR.

4.8 Dibuje el esquema correspondiente a la función $f(x, y, z) = \overline{x} + (y \cdot z)$ utilizando solamente puertas universales NAND.

4.9 Dibuje el esquema correspondiente a la función $f(x, y, z) = \overline{x} + (y \cdot \overline{z})$ utilizando solamente puertas universales NOR.

4.10 Dibuje el esquema correspondiente a la función $f(x, y, z) = \overline{x} + (y \cdot \overline{z})$ utilizando solamente puertas universales NAND.

4.11 Proponga dos síntesis diferentes para una puerta AND de 4 entradas basada en puertas AND de 2 entradas?

4.12 Proponga varias síntesis diferentes para una puerta OR de 5 entradas basada en puertas OR de 2 entradas?

4.13 ¿Cuál es la síntesis de una puerta AND de 5 entradas con puertas AND de 3 entradas? ¿Qué composición es mejor, la serie o la paralelo? Justifique su respuesta.

4.14 ¿Cuál es la síntesis de una puerta NAND de 4 entradas utilizando puertas NAND de 2 entradas? **Solución:** El álgebra de Boole nos proporciona la identidad $\overline{x \cdot y \cdot z \cdot w} \equiv \overline{x \cdot y} + \overline{z \cdot w}$. De donde:

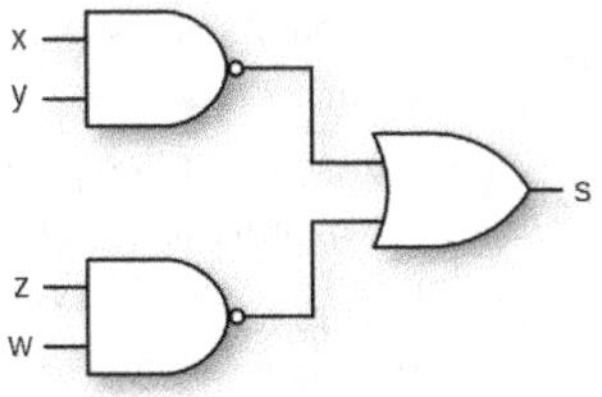

Figura 4.22 Equivalente NAND de 4 entradas con NAND-OR de 2 entradas.

4.15 ¿Cuál es la síntesis de una puerta NAND de 4 entradas utilizando puertas NAND de 3 entradas? **Solución:** Tenemos: $\overline{x \cdot y \cdot z \cdot w} \equiv \overline{x \cdot y \cdot z} + \overline{w}$. De donde:

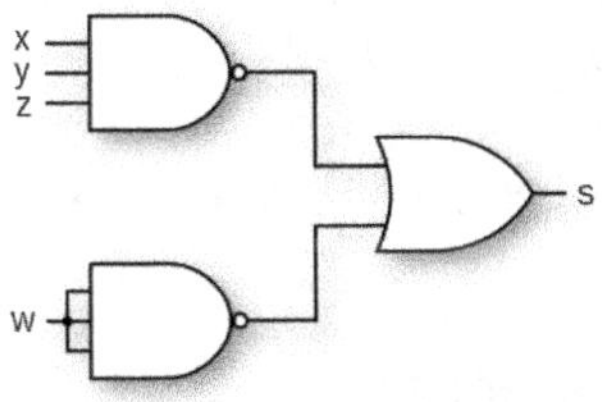

Figura 4.23 Equivalente NAND de 4 entradas con NAND de 3 entradas y OR.

4.16 ¿Cuál es la síntesis de una puerta NAND de 4 entradas utilizando puertas AND de 2 entradas? **Solución:** Tenemos: $\overline{x \cdot y \cdot z \cdot w} \equiv \overline{(x \cdot y) \cdot (z \cdot w)}$. De donde:

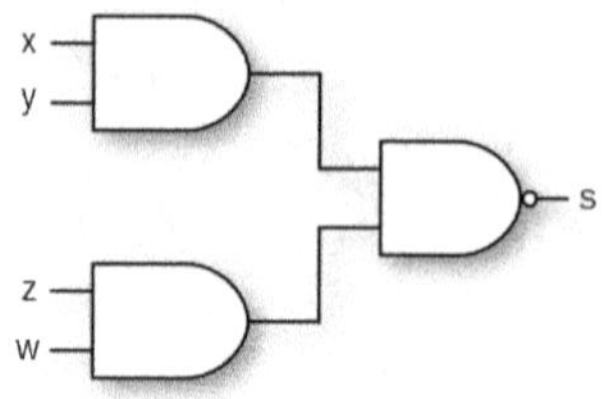

Figura 4.24 Equivalente NAND de 4 entradas con AND-NAND de 2 entradas.

4.17 ¿Cuál es la síntesis de una puerta NAND de 4 entradas utilizando puertas AND de 3 entradas? **Solución:** Tenemos: $\overline{x \cdot y \cdot z \cdot w} \equiv \overline{(x \cdot y \cdot z) \cdot w}$. De donde:

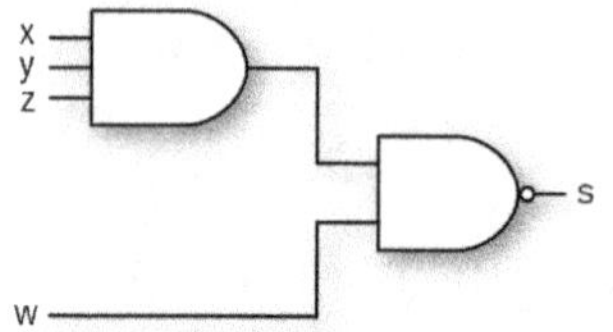

Figura 4.25 Equivalente NAND de 4 entradas con AND de 3 entradas y NAND.

4.18 ¿Cuál es la síntesis de una puerta NAND de 4 entradas utilizando sólo puertas NAND de 2 entradas? **Solución:** Tenemos: $\overline{x \cdot y \cdot z \cdot w} \equiv \overline{\overline{(\overline{x \cdot y})} \cdot \overline{(\overline{z \cdot w})}}$. De donde:

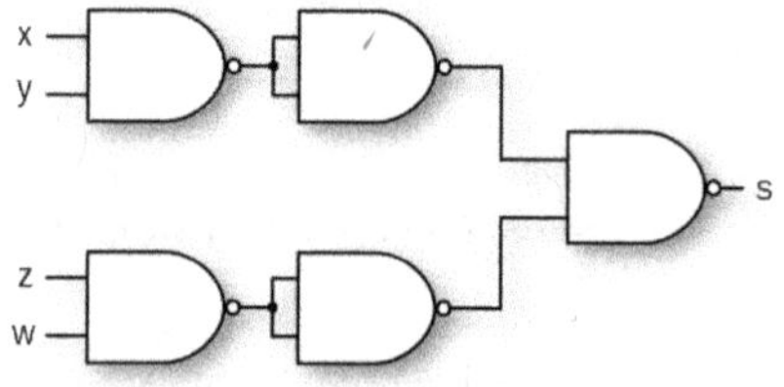

Figura 4.26 Equivalente NAND de 4 entradas con NAND de 2 entradas.

4.19 ¿Cuál es la síntesis de una puerta NAND de 4 entradas utilizando sólo puertas NAND de 3 entradas? **Solución:** Tenemos: $\overline{x \cdot y \cdot z \cdot w} \equiv \overline{\overline{(\overline{x \cdot y \cdot z})} + w}$. De donde:

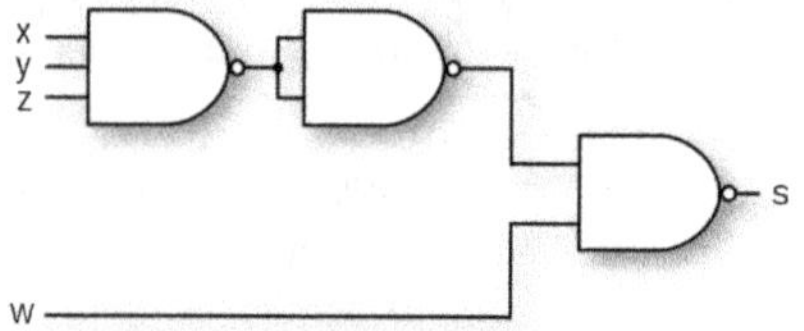

Figura 4.27 Equivalente NAND de 4 entradas con NAND de 3 entradas.

4.20 Proponga varias síntesis diferentes para una puerta NOR de 6 entradas sabiendo que dispone de todo tipo de puertas, pero siempre de 2 entradas.

4.21 Proponga varias síntesis diferentes para una puerta NAND de 6 entradas sabiendo que dispone de todo tipo de puertas, pero todas son de 3 entradas. Discuta cual es el mejor diseño desde el punto de vista de la complejidad.

4.22 Hemos visto que la función XOR admite múltiples síntesis lógicas. ¿Cuál de todas ellas requiere más puertas lógicas?

4.23 Hemos visto que, dada una síntesis con universales de una puerta XOR, basta con intercambiar las puertas NAND por las puertas NOR y viceversa para obtener una XNOR y viceversa. Demuéstrelo para un caso concreto.

4.24 Demuestre que $x \text{ XNOR } y \equiv \overline{x} \text{ XOR } y$.

4.25 Demuestre que $x \text{ XOR } y \equiv \overline{x} \text{ XOR } \overline{y}$.

4.26 A partir de la definición de la suma exclusiva, demuestre la veracidad de las relaciones $x \oplus 0 = x$, $x \oplus 1 = \overline{x}$, $x \oplus x = 0$ y $x \oplus \overline{x} = 1$.

4.27 ¿Qué interés puede tener un detector *one-hot*?

4.28 ¿Cuál es el elemento neutro para una puerta XOR?

4.29 Sintetice una puerta XOR de 5 entradas a partir de puertas XOR de 3 entradas. ¿Qué composición es mejor, la serie o la paralelo? Justifique su respuesta.

5 Familias lógicas

5.1 La implementación electrónica

La síntesis de funciones lógicas se realiza utilizando las puertas básicas y siguiendo las leyes del álgebra de Boole, pero ¿cómo se implementan esas puertas físicamente? La tecnología más generalizada en nuestros días es la electrónica digital, pero en el pasado se utilizaron válvulas de vacío y relés, mientras que en el futuro podrían llegar a hacerse realidad los transistores ópticos[1].

En el centro de esa tecnología electrónica siempre ha estado el transistor, presentado en el primer capítulo de este libro, aunque su uso práctico ha pasado de ser discreto a integrar en una única oblea de semiconductor millones de dispositivos, gracias a sofisticados procesos de fabricación desarrollados por la microelectrónica. El desarrollo de esta integración ha crecido desde los primitivos circuitos SSI (*Small Scale Integration*) de los chips con unas pocas puertas lógicas hasta los sistemas de muy alta escala de integración o VLSI (*Very Large-Scale Integration*) que proveen microprocesadores.

En este contexto, entendemos por familia lógica el conjunto de circuitos integrados que implementan las puertas básicas empleando un único tipo de transistor y la misma tecnología de fabricación. En consecuencia, sus entradas, salidas, voltajes y demás características son compatibles entre sí.

Para cada tipo de transistor existen varias familias lógicas, cada una de las cuales se ha diseñado buscando destacar en velocidad, tamaño, etc.

Las características funcionales más importantes de las familias lógicas son:

- niveles de tensión
- inmunidad al ruido
- disipación de potencia
- retardo de propagación
- *fan-in*
- *fan-out*

El nivel de tensión se refiere al valor nominal de la alimentación en corriente continua. Es importante en cuanto al consumo total de potencia.

La inmunidad al ruido es la tolerancia del sistema a las fluctuaciones no deseadas de las tensiones sin que cambie el estado de salida. El ruido puede ser captado de radiaciones electromagnéticas externas de alta frecuencia o venir de la propia red eléctrica.

---

[1] No debemos confundir la implementación de los computadores clásicos, esté o no basada en la electrónica, con la de los cuánticos, sea cual sea el fenómeno físico en el que descansen, pues tanto su conjunto de puertas básicas como su álgebra son totalmente diferentes.

La disipación de potencia tiene que ver con el trabajo realizado por la corriente eléctrica tanto en conmutación (computación propiamente dicha) como en polarización de los transistores.

El retardo de propagación es el tiempo que debe transcurrir hasta obtener un valor correcto y estable a la salida de una puerta lógica desde el instante en el que se proporcionan las entradas. Este tiempo depende de la cantidad de elementos activos que hayan de conmutar en el camino que une las salidas con las entradas. El retardo de propagación limita el rango de frecuencias a las que puede operar una familia lógica, esto es, un circuito será tanto más rápido cuanto menor sea su retardo.

Por *fan-in* entendemos el número máximo de entradas que puede tener una puerta y viene limitado por las características eléctricas de cada familia. Recordemos que hemos discutido sobre este asunto en el capítulo precedente (cf. 4.4). Cuando el *fan-in* es menor que el requerido por una función lógica, automáticamente aumenta la complejidad de la implementación en espacio y tiempo[2].

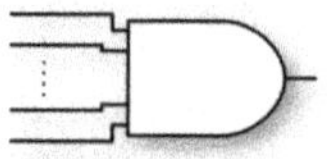

Figura 5.1 Concepto de *fan-in.*

El *fan-out* es el número máximo de conexiones que puede excitar una salida de una puerta sin degradarse. Si superamos el *fan-out* establecido intentando atacar demasiadas puertas, el reparto de corriente será tan grande que comprometeremos el correcto funcionamiento de la puerta excitadora.

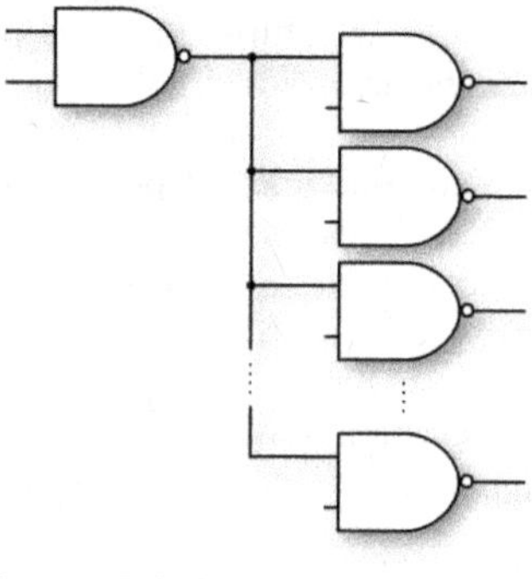

Figura 5.2 Concepto de *fan-out.*

Ciertamente, familias lógicas hay muchas, pero sólo presentaremos algunas de las más extendidas, con el fin de ayudar a comprender los aspectos más relevantes desde el punto de vista de la computación, todo ello sin entrar en profundidad en los detalles electrónicos.

5.2 Familias BJT

Como ya adelantamos (cf. 1.2.1), el transistor BJT ofrece limitada capacidad de integración, aunque alta velocidad de conmutación (con permiso de las resistencias de polarización, como veremos más adelante). A continuación describiremos dos de sus familias lógicas: la RTL y la TTL. Ninguna de las dos se utiliza ya para implementar procesadores, pero sí que ilustran bien los conceptos que queremos presentar.

---

2 Puesto que se han de utilizar más puertas, crece la complejidad en área de semiconductor, por el incremento en la cantidad de elementos activos, y en retardo, por el mayor recorrido de las señales.

No obstante, la TTL sigue teniendo una gran aceptación comercial en el desarrollo discreto.

En cualquier caso, hoy en día el transistor BJT sí que se encuentra en memorias rápidas de tipo SRAM (*Static Random-Access Memory*).

5.2.1 Lógica RTL

La lógica resistencia-transistor o RTL (*Resistor-Transistor Logic*) fue la primera familia lógica implementada en circuito integrado (1961) y se usó en el programa espacial *Apollo*.

Se caracteriza por una alta disipación de potencia en saturación y un gran retardo de conmutación. El área de silicio requerida para su implementación es grande, especialmente por la contribución de las resistencias. El máximo número de entradas que pueden llegar a manejar las puertas (*fan-in*) es 3. La puerta básica es la NOR.

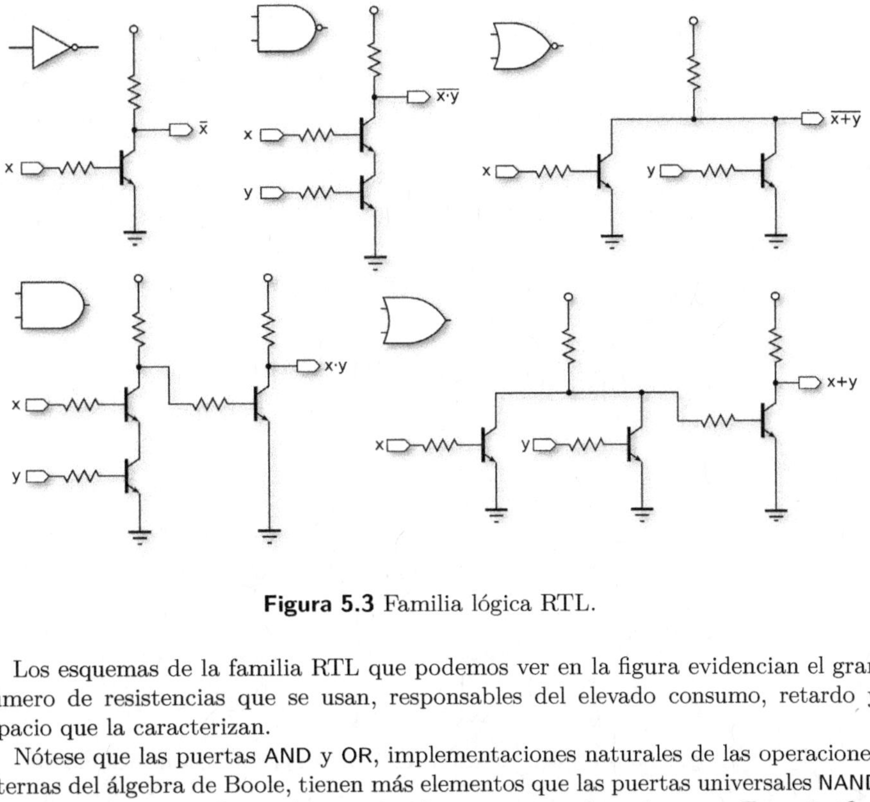

Figura 5.3 Familia lógica RTL.

Los esquemas de la familia RTL que podemos ver en la figura evidencian el gran número de resistencias que se usan, responsables del elevado consumo, retardo y espacio que la caracterizan.

Nótese que las puertas AND y OR, implementaciones naturales de las operaciones internas del álgebra de Boole, tienen más elementos que las puertas universales NAND y NOR, de hecho, aquellas están constituidas por estas más un inversor. Esto significa que siempre será mejor un circuito basado en universales que en las sumas y productos.

Ejemplo 5.1 ¿Cómo es la implementación de una puerta XOR de 2 entradas en la lógica RTL?

Solución En una primera aproximación, la especificación XOR se sintetiza con la función lógica $s = x \cdot \overline{y} + \overline{x} \cdot y$, cuya implementación requiere de un inversor para cada entrada además de la suma de productos.

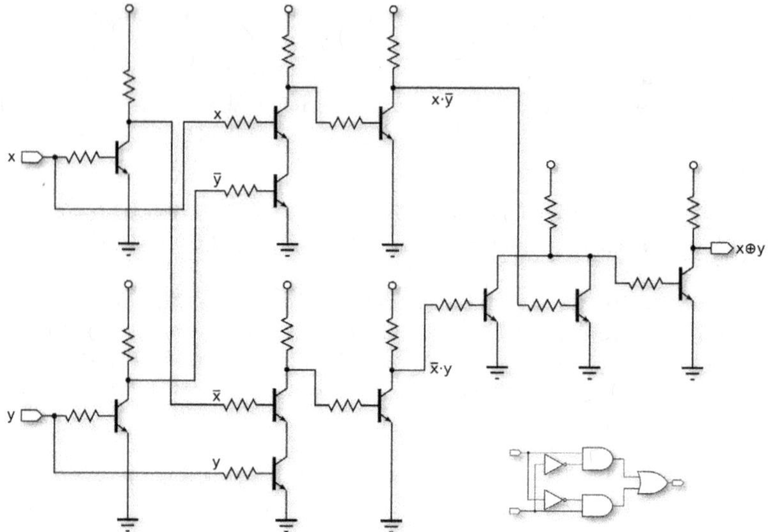

Figura 5.4 Implementación RTL de la puerta XOR como suma de productos.

Sin embargo, sabemos que la puerta básica en la familia RTL es la NOR y que podemos sintetizar la XOR con ella mediante la función lógica $s = \overline{\overline{(\bar{x} + \bar{y})} + \overline{(x + y)}}$.

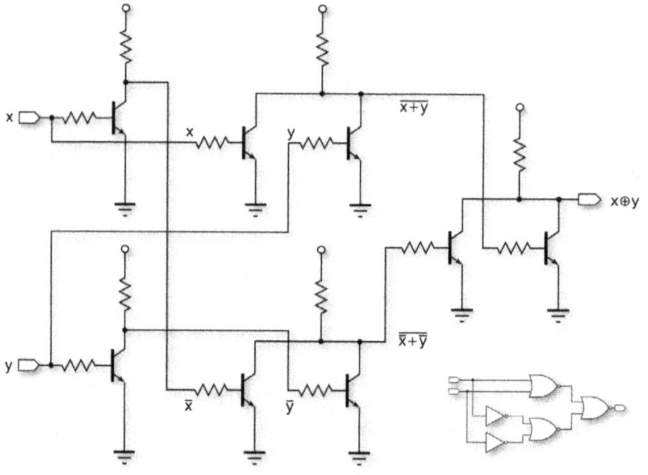

Figura 5.5 Implementación RTL de la puerta XOR utilizando universales NOR.

Obsérvese que, aún siendo ambas realizaciones de la puerta XOR perfectamente válidas, la primera utiliza 11 transistores mientras que la segunda solamente 8. Este hecho, por sí solo, otorga la ventaja de un menor coste en área de silicio a la implementación con puertas NOR. Por otra parte, fijémonos en que las puertas OR son, en realidad, la combinación de una NOR más un inversor. Otro tanto podemos decir de las AND. Esto nos sugiere que la XOR basada en NOR va a ser más rápida que su homóloga en forma de suma de productos.

En conclusión, la segunda implementación es mejor en coste y en rendimiento.

Las puertas AND y NAND contienen dos elementos activos (transistores) en serie, mientras que las OR y NOR los tienen en paralelo. No obstante, en ambos casos constituyen un único bloque de conmutación[3].

5.2.2 Lógica TTL

La lógica transistor-transistor, creada por *Sylvania* en 1963 y popularizada por *Texas Instruments*, con las series 54xx (1964) y 74xx (1966), sigue siendo muy utilizada hoy. Consta de dos etapas: de entrada por emisor y salida inversora.

Se caracteriza por una elevada velocidad de propagación, aunque adolece de un gran consumo de potencia y tendencia a la degradación de las señales. La puerta básica es la universal NAND, que se implementa formando varios pozos de emisor en una única base. Esta tecnología se conoce como *transistor multiemisor* y permite ahorrar área de silicio.

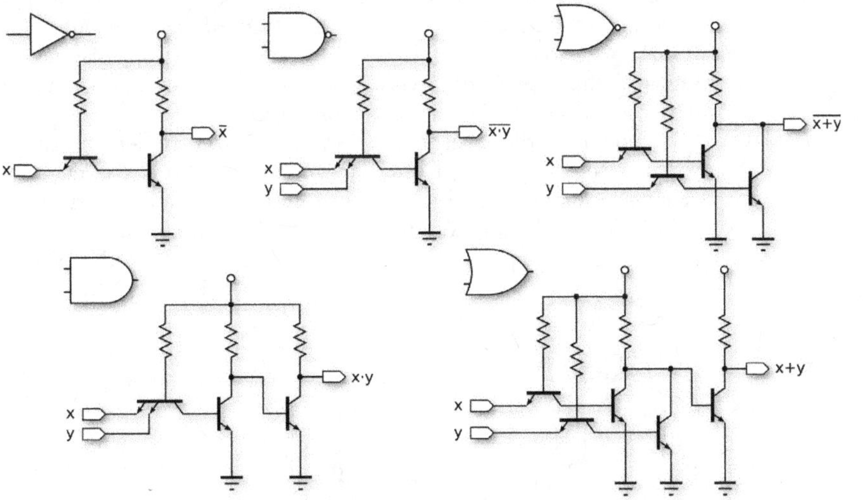

Figura 5.6 Familia lógica TTL.

Los esquemas muestran un menor uso de resistencias que en la familia TTL, aunque las puertas basadas en la suma lógica requieren de muchos elementos activos.

Ejemplo 5.2 Generalmente, la familia TTL implementa la puerta universal NAND utilizando la técnica del transistor multiemisor. Sin embargo, ¿cómo es utilizando transistores bipolares convencionales?

Solución Como vemos en la figura, la NAND con BJT convencionales utiliza solo 3 elementos activos, mientras que la universal NOR de la misma familia necesita 4. Esto justifica que la puerta básica TTL sea la NAND, incluso con transistores convencionales.

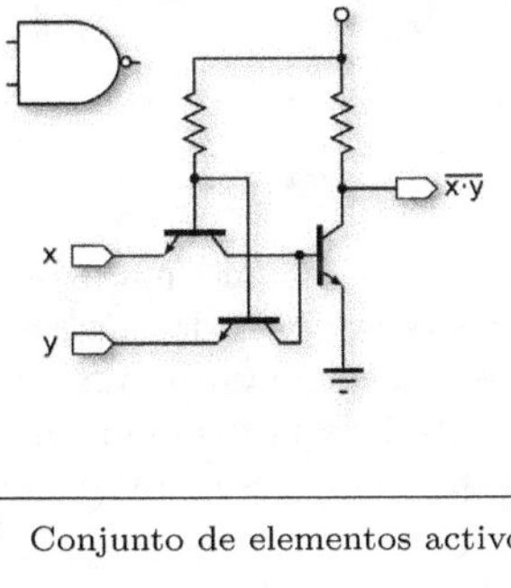

Figura 5.7 Implementación TTL de la puerta NAND con BJT convencionales.

3 Conjunto de elementos activos responsables de que una señal conmute entre dos estados.

5.3 Familias MOSFET

El transistor MOSFET (cf. 1.2.2) proporciona una altísima capacidad de integración y un consumo muy bajo. Estas características, unidas a otras que iremos desvelando a continuación, han convertido a la familia CMOS en la hegemónica en lo que a implementación de microprocesadores se refiere.

5.3.1 Lógica CMOS

La lógica MOS-complementario se basa en el acoplo de un transistor NMOS con otro PMOS, de tal manera que en reposo no dejan pasar corriente. La tecnología de fabricación logró la integración a mediados de los 70, y en la década de los 80 se da la proliferación de las memorias CMOS y comienza su predominio en el desarrollo de procesadores.

Entre sus ventajas destaca que no usa resistencias, ya que cada transistor se polariza gracias a su pareja. El retardo de conmutación viene dado por la capacidad MOS, pero la reducción del tamaño y la ausencia de resistencias contribuyen a minimizar dicha capacidad, favoreciendo tanto una alta capacidad de integración como un incremento de la velocidad de conmutación.

Como hemos dicho, el acoplo de transistores complementarios comporta muy baja disipación de potencia ya que sólo se consume corriente cuando hay conmutación. Además, la lógica CMOS es robusta frente al ruido o degradación de la señal, gracias a que la salida siempre adquiere el valor lógico nominal.

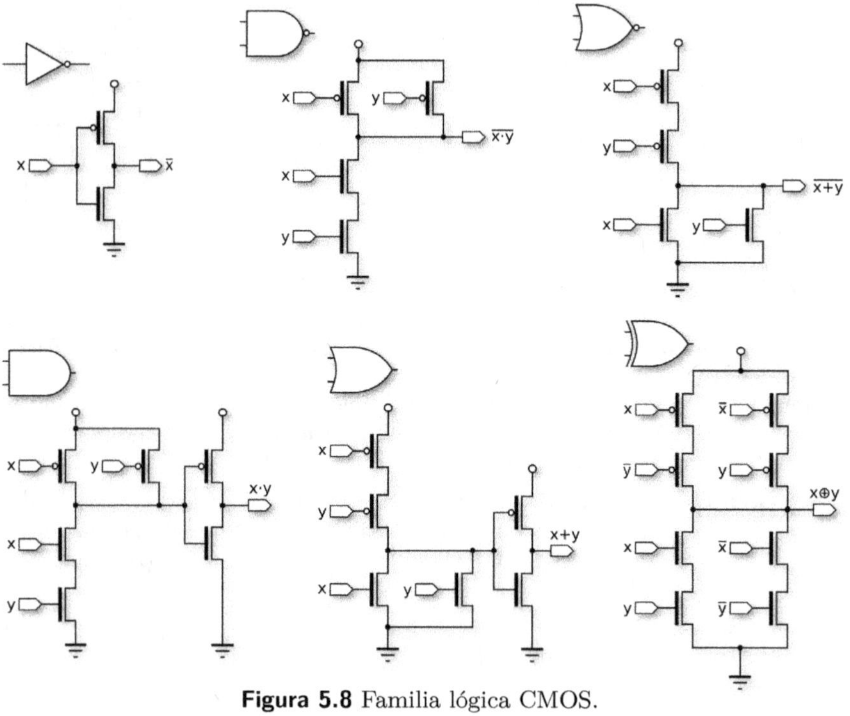

Figura 5.8 Familia lógica CMOS.

Hablemos ahora de una característica notable. Como muestra la figura 5.8, la puerta XOR se puede implementar directamente, a pesar de que su definición asume que es derivada, ayudando a reducir el área de silicio empleada en los diseños que la utilicen y mejorando el rendimiento en virtud de la disminución de elementos de conmutación. Nótese, que en el esquema presentado no se han incluido los inversores que requieren las entradas negadas.

El caso de la puerta XOR nos señala la facilidad para diseñar funciones lógicas complejas combinando redes *pull-up/pull-down*[4]. La red *pull-up* es la que lleva la salida a 1 y la red *pull-down* es la que lleva la salida a 0. Cada transistor es un interruptor gobernado por tensión, tal que la entrada 1 cierra los NMOS y abre los PMOS. Así, los transistores en paralelo son interruptores en paralelo, donde todos han de estar abiertos para que no haya conducción, y los transistores en serie son interruptores en serie, donde todos han de estar en conducción para que haya conducción.

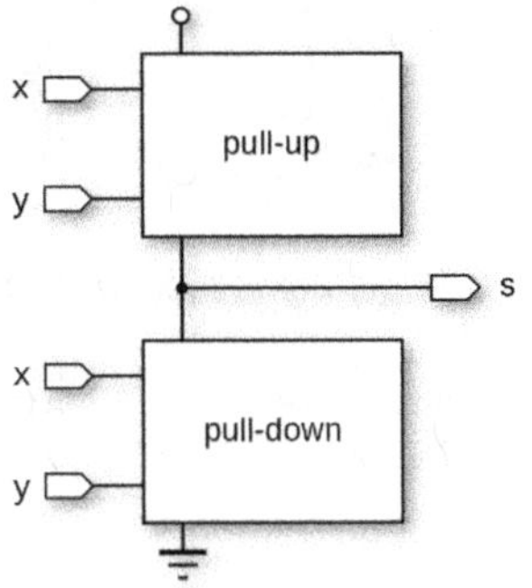

Figura 5.9 Redes *pull-up/pull-down*.

Obsérvese como las puertas universales NAND y NOR tienen un diseño recíproco la una respecto de la otra, esto es, las redes *pull-up/pull-down* están intercambiadas.

En definitiva, la familia CMOS nos brinda un método sencillo y eficiente para implementar funciones complejas (funciones VLSI) con un mínimo número de transistores y sin necesidad de recurrir a la síntesis booleana. A continuación, se muestran dos ejemplos que corresponden a funciones lógicas de tres entradas muy habituales: la AND-OR-NEGADA y la OR-AND-NEGADA. Nótese, que estas implementaciones utilizan solamente 6 transistores frente a los 10 que tendrían si se hubieran realizado a partir de la síntesis booleana convencional y su cascada de puertas.

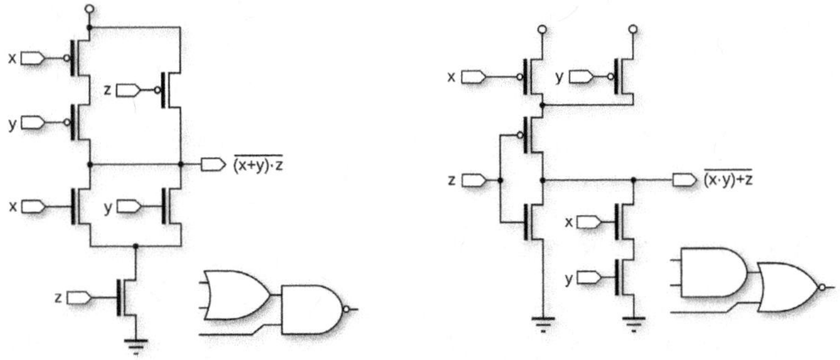

Figura 5.10 Ejemplos de funciones complejas CMOS.

Abundando en las posibilidades de la lógica *pull-up/pull-down*, la figura siguiente muestra realizaciones alternativas de las puertas XOR y puerta XNOR llevadas a cabo mediante síntesis CMOS. Ambos casos utilizan 10 transistores y las señales recorren 2 bloques de conmutación.

---

[4] La síntesis CMOS permite implementar funciones complejas en una única puerta gracias a las redes *pull-up/pull-down*. En esencia, consiste en ver cada transistor como un interruptor gobernado por una entrada que lo abre o cierra. De esta manera, se confeccionan redes que llevan la salida a 1, en el caso de la red *pull-up*, y a 0, en el caso de la red *pull-down*, acomodándose a la función lógica objetivo. Habida cuenta de que este método soslaya el uso de algunas de las puertas booleanas, tiende a ser más rápido y menos costoso

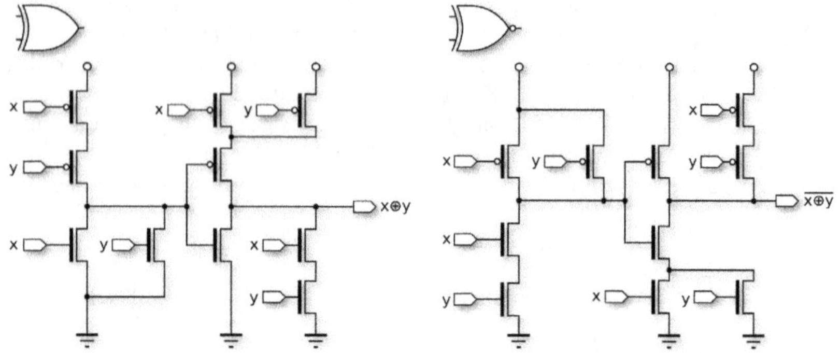

Figura 5.11 Síntesis CMOS de las puertas XOR y XNOR.

Otros casos interesantes son los de la puerta NAND de 4 entradas y la XOR de 3 entradas que podemos ver en la figura siguiente:

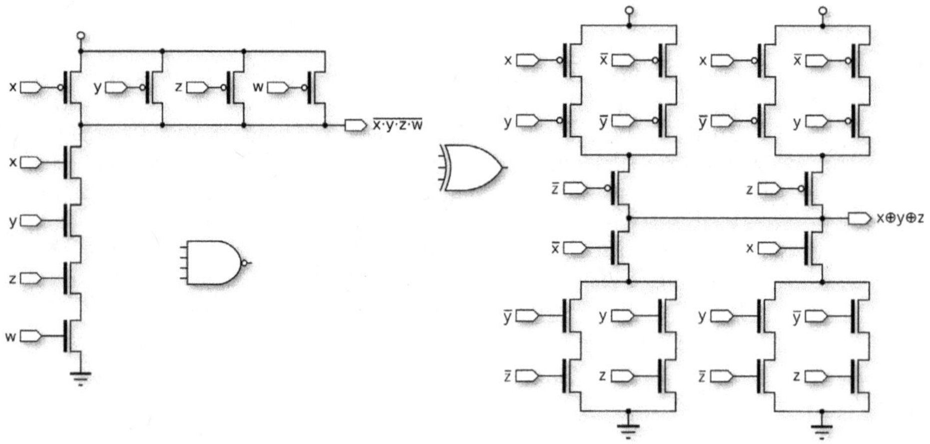

Figura 5.12 Implementaciones CMOS de la NAND de 4 entradas y de la XOR de 3.

5.4 Complejidad espacial

El área de semiconductor utilizada en la implementación de una función lógica depende de dos factores: en primer lugar, de la superficie consumida por los elementos que la componen (diodos, transistores, resistencias, etc.), y en segundo, del área ocupada por las pistas que conectan esos elementos más el espacio de aislamiento que se reserva a su alrededor.

La figura siguiente ilustra el tamaño relativo de los diferentes elementos que se integran en un circuito semiconductor. Como vemos, el área ocupada por un diodo (a_D) es la mayor, mientras que la del transistor MOS (a_{MOS}) es la más reducida.

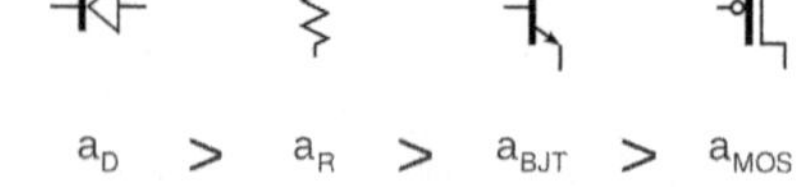

Figura 5.13 Tamaño relativo de los elementos integrados.

Es interesante conocer cual es el comportamiento de cada familia lógica con respecto al coste en área de semiconductor. La tabla siguiente muestra la superficie aproximada que consumen las puertas NOT, NAND y NOR en función del número de entradas f y de los diferentes elementos que las componen (a_R, a_D, a_{BJT}, a_{MOS}). Se omiten las puertas AND y OR ya que sólo añaden un inversor a las universales. Utilizamos el signo '$\approx$' para indicar que la expresión matemática presenta ligeras discrepancias para alguna de las puertas.

familia	NOT, NAND, NOR
RTL	$f \cdot (a_{BJT} + a_R) + a_R$
TTL	$\approx (f+1) \cdot (a_{BJT} + a_R)$
CMOS	$f \cdot 2a_{MOS}$

La tabla nos permite concluir que las familias BJT usan más elementos y que parte de ellos son conjuntos de costosas resistencias. Con la intención de simplificar aún más la comparativa de coste en área de semiconductor, asumimos que la superficie de todos los elementos integrados es idéntica a la de cada tipo de transistor. Tomando puertas de dos entradas ($f = 2$), tenemos:

familia	NOT, NAND, NOR
RTL	$5\ a_{BJT}$
TTL	$6\ a_{BJT}$
CMOS	$4\ a_{MOS}$

Esta perspectiva más tosca evidencia la ventaja de usar transistores MOSFET, puesto que utilizan menos elementos y los activos son de menor tamaño.

Como hemos dicho más arriba, a estas superficies hay que añadir las de las pistas de conexiones y el espacio de aislamiento. La cuantificación de esta contribución excede los objetivos de este libro, pues depende de la frecuencia de operación del circuito, del tipo de semiconductor, de la familia lógica y de la tecnología de fabricación.

5.5 Complejidad temporal

El retardo de propagación es consecuencia, sobre todo, de la velocidad de conmutación de los elementos activos. La figura ilustra el comportamiento de un inversor.

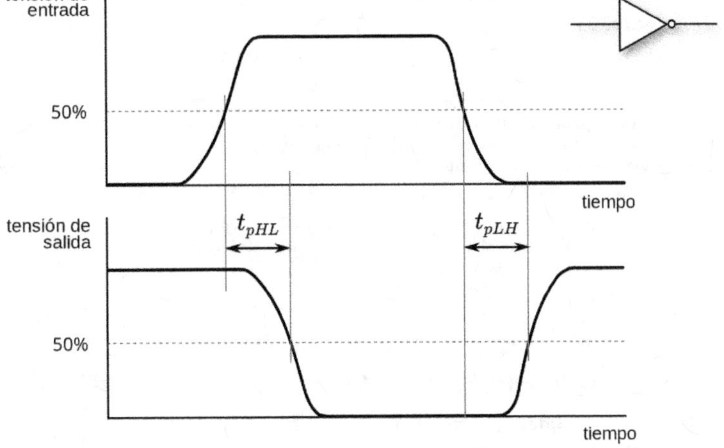

Figura 5.14 Retardo de conmutación en un inversor.

Como vemos, los cambios en la entrada se manifiestan en la salida con una demora, ligeramente diferente entre el tránsito de subida (t_{pLH}) y el de bajada (t_{pHL}). Normalmente, se toma como retardo de conmutación el promedio.

$$r = \frac{t_{pHL} + t_{pLH}}{2}$$

Para explicar lo que sucede, tomaremos el caso del inversor CMOS, en el que sustituiremos cada transistor por un interruptor más su resistencia característica. A la salida del circuito se añade una capacidad de carga C_L.

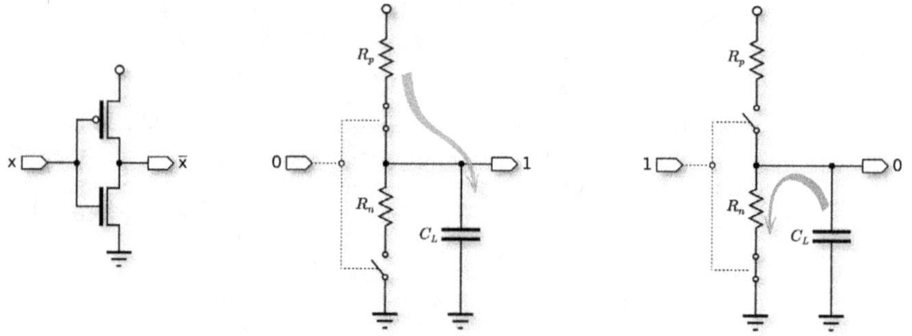

Figura 5.15 Modelo del interruptor aplicado a un inversor CMOS.

Cuando la entrada del inversor es 0, el transistor NMOS se comporta como un interruptor abierto, mientras que el PMOS está cerrado. En consecuencia, el condensador C_L se carga a través de la resistencia R_p. La constante de tiempo es R_pC_L y el tiempo de subida es[5]:

$$t_{pLH} = 0{,}69 \cdot R_p \cdot C_L$$

Cuando la entrada es 1, el transistor NMOS permanece cerrado y el PMOS abierto, haciendo que el condensador C_L se descargue a través de la resistencia R_n. El tiempo de bajada es:

$$t_{pHL} = 0{,}69 \cdot R_n \cdot C_L$$

Por tanto, el retardo de conmutación es:

$$r = \frac{t_{pHL} + t_{pLH}}{2} = \frac{0{,}69 \cdot R_n \cdot C_L + 0{,}69 \cdot R_p \cdot C_L}{2} = 0{,}69 \cdot C_L \cdot \frac{R_n + R_p}{2}$$

Asumiendo que la integración en semiconductor se realiza de manera que $R_p \approx R_n$ tenemos:

$$r \approx 0{,}69 \cdot R_n \cdot C_L$$

[5] La figura muestra un circuito con una resistencia y un condensador conectados en serie a una fuente de alimentación continua.

Tenemos que $V = v_R + v_C = i \cdot R + \frac{q}{C} = \frac{dq}{dt} \cdot R + \frac{q}{C}$.

Si suponemos que el condensador está descargado, la ecuación que describe cómo evoluciona la carga en función del tiempo es:

$\frac{1}{RC} \int_0^t dt = \int_0^q \frac{dq}{CV - q}$.

De donde obtenemos $q(t) = CV(1 - e^{\frac{-t}{RC}})$

y también $v_C(t) = V(1 - e^{\frac{-t}{RC}})$.

La intensidad que circula es $i(t) = \frac{dq}{dt} = \frac{V}{R} e^{\frac{-t}{RC}}$.

Donde la constante $\tau = RC$ se conoce como constante de tiempo. Se asume que la carga completa se produce con 5τ y la mitad con $0{,}693\tau$.

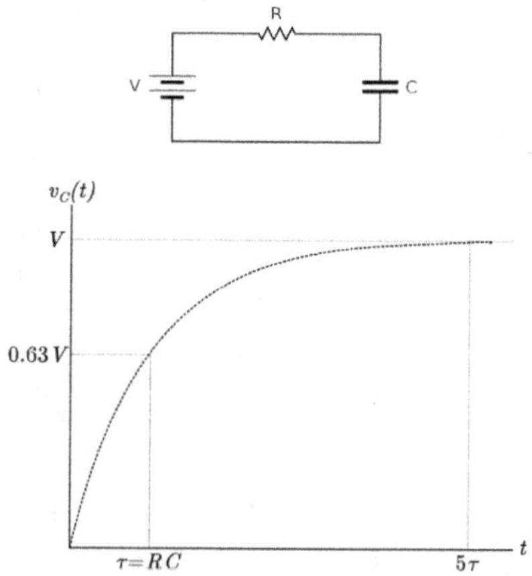

En definitiva, el inversor CMOS representa un bloque de conmutación compuesto por dos elementos activos o transistores.

Veamos ahora un ejemplo de aplicación del modelo del interruptor a una puerta con dos bloques de conmutación. La figura muestra una puerta AND de la familia CMOS que está compuesta de una NAND y un inversor en serie.

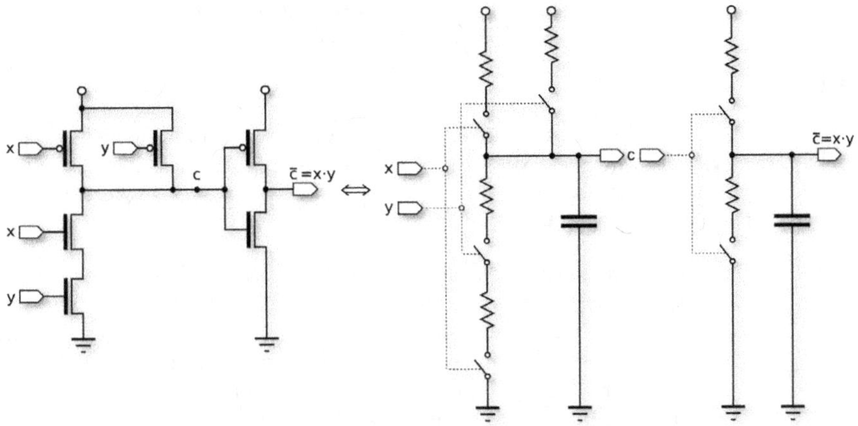

Figura 5.16 Modelo temporal aplicado a 2 bloques de conmutación.

El retardo de la puerta AND es la suma de los retardos de ambos bloques. Las señales de entrada x e y hacen que conmute la primera fuente de tensión, dando valor a la señal etiquetada como c en el esquema. Esta señal es la responsable de conmutar la segunda fuente de tensión, que otorga valor a la salida.

Nótese, que la señal de salida no se puede considerar correcta hasta que no se cumpla el tiempo de retardo del bloque de conmutación NOT, y la señal intermedia c no se puede considerar válida hasta que no se cumpla el tiempo de retardo del bloque de conmutación NAND. En consecuencia, cambie o no la salida con una nueva combinación de entrada, hay que esperar el retardo completo para tomar como bueno un valor de salida. Formalmente:

$$r_{AND} = r_{NOT} + r_{NAND}$$

Donde, en general, $r_{NAND} \neq r_{NOT}$. Por eso, con el fin de simplificar la cuantificación de los retardos, definimos el *retardo de conmutación característico* de una familia lógica (r_{fam}) como el mayor de todos los posibles bloques de conmutación.

$$r_{fam} = \max\{r_{NOT\smile fam}, r_{NAND\smile fam}, r_{NOR\smile fam}\}$$

Por ejemplo, para la familia CMOS tendremos:

$$r_{CMOS} = \max\{r_{NOT\smile CMOS}, r_{NAND\smile CMOS}, r_{NOR\smile CMOS}\}$$

La tabla siguiente muestra el retardo de conmutación de cada puerta lógica, en función del número de bloques de conmutación de su implementación, multiplicado por el retardo de propagación característico de la familia lógica (r_{fam}).

familia	**NOT**	**AND**	**OR**	**NAND**	**NOR**	**XOR**
RTL	r_{RTL}	$2\ r_{RTL}$	$2\ r_{RTL}$	r_{RTL}	r_{RTL}	$3\ r_{RTL}$
TTL	r_{TTL}	$2\ r_{TTL}$	$2\ r_{TTL}$	r_{TTL}	r_{TTL}	$3\ r_{TTL}$
CMOS	r_{CMOS}	$2\ r_{CMOS}$	$2\ r_{CMOS}$	r_{CMOS}	r_{CMOS}	$2\ r_{CMOS}$ *

* Teniendo en cuenta los inversores.

Obsérvese que la puerta XOR se comporta mejor en las familias MOSFET que en las BJT, ya que su retardo es equivalente a dos bloques de conmutación, incluyendo los inversores de las señales de entrada. A continuación, introducimos una comparativa entre las familias lógicas respecto al retardo de conmutación. Tomamos como base el menor retardo de propagación (r_{CMOS}).

familia	retardo
RTL	10 r_{CMOS}
TTL	2 r_{CMOS}
CMOS	r_{CMOS}

Obsérvese como la alta velocidad de conmutación del transistor BJT termina viéndose limitada por la presencia de las resistencias de polarización.

5.5.1 El camino crítico

El camino crítico en un circuito es la ruta con el retardo de propagación más largo de entre todas las salidas con todas las entradas. Este trayecto determina la velocidad máxima a la que puede funcionar el circuito, ya que marca el tiempo que necesitan las señales para ser procesadas correctamente. El retardo del camino crítico será el mínimo periodo al que pueda trabajar la señal de reloj que sincroniza el computador y, marcará, por tanto, su máxima frecuencia.

$$f_{\text{máx}} \leq \frac{1}{\text{retardo del camino crítico}}$$

A modo de ejemplo, la figura siguiente señala el camino crítico para una implementación RTL de una función lógica sencilla.

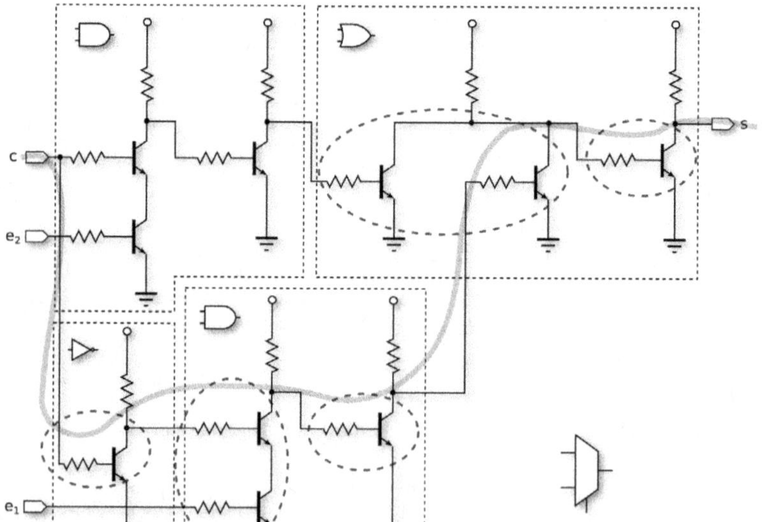

Figura 5.17 Camino crítico de la implementación RTL de la función $s = e_1 \cdot \bar{c} + e_2 \cdot c$.

Como vemos, el camino crítico es el que va de la salida s a la entrada c atravesando 5 bloques de conmutación. Si el circuito tuviera varias salidas, el camino crítico de la implementación completa sería el correspondiente a la salida más larga.

5.6 Microelectrónica

En las páginas siguientes describiremos brevemente algunos de los procesos involucrados en la fabricación de circuitos integrados. El espectacular desarrollo de estos procedimientos ha sido el responsable primordial del vertiginoso aumento de rendimiento de los sistemas computacionales durante los últimos 60 años, más incluso que la mejora de los diseños.

Por otra parte, la fabricación de productos semiconductores se ha convertido en un foco de poder global, pues los circuitos integrados están en el núcleo de las comunicaciones, las finanzas, la inteligencia artificial, la automoción o los sistemas militares. La producción mundial se ha concentrado en pocos lugares y la carrera por disminuir el tamaño de los dispositivos ha provocado crisis de abastecimiento en tiempos recientes y desequilibrios geopolíticos.

Frente al uso de componentes discretos, la miniaturización resulta ventajosa en fiabilidad, reducción de costes, producción masiva de dispositivos idénticos, comportamiento eléctrico, etc, además de la evidente reducción de espacio y consumo, y el aumento de la velocidad.

El marco teórico en el que nos movemos es el de la microelectrónica, que es un subcampo de la electrónica. Si ésta última se ocupa del estudio del flujo de electrones y de los dispositivos que lo controlan, la primera se enfoca en su movimiento a través de semiconductores, principalmente silicio, por su abundancia, pero también germanio, arseniuro de galio o aleaciones de silicio y germanio.

Las técnicas de producción son básicamente la fotolitografía y el procesado químico, operando sobre obleas de semiconductor, tratadas por lotes en una compleja y delicada sucesión de varias decenas de etapas.

A mediados de la década de los sesenta ya aparecen los primeros circuitos integrados comerciales realizados con transistores BJT. Concretamente, en el mundo académico es habitual mostrar la microfotografía de una puerta ECL de 3 entradas fabricada por Motorola en 1966[6]. El *layout*[7] de este diseño ocupa un área de $1{,}30\,\mathrm{mm}^2$ (lado de aproximadamente 1,14 mm)[8] y contiene 6 transistores, lo cual da una densidad de integración de aproximadamente $4{,}5\,\mathrm{transistores/mm}^2$. Comparemos este dato con la densidad de $100 \cdot 10^6\,\mathrm{transistores/mm}^2$ de un procesador Intel i7 actual[9].

Como ya hemos señalado anteriormente, hablamos de fabricación VLSI (*Very Large-Scale Integration*), en general, para referirnos a todas estas técnicas, cuya clasificación se realiza en nanometros ($1\,\mathrm{nm} = 1 \cdot 10^{-9}\,\mathrm{m}$), asumiendo que la escala de los elementos que forman el chip puede interpretarse a partir de una distancia (tamaño del lado del transistor o ancho del canal MOSFET).

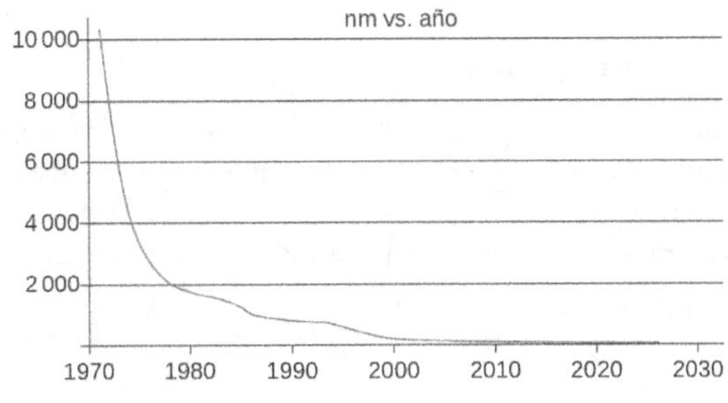

Figura 5.18 Evolución temporal de los procesos VLSI.

6 No la incluimos en este libro pues goza de derechos de copia, pero animamos a buscarla.

7 Se utiliza el nombre en inglés para referirse al diseño físico y geometría de un circuito integrado.

8 El retardo de propagación de esta puerta era de unos 4 ns con un consumo de 25 mW.

9 Dato estimado, ya que el fabricante no facilita la cantidad de transistores por procesador desde hace algunos años y, en cualquier caso, depende del modelo específico.

La gráfica nos permite constatar que la evolución de los procesos VLSI a lo largo de los últimos decenios ha experimentado una disminución exponencial de su longitud característica, estando prevista la producción comercial de dispositivos semiconductores de 1 nm para 2028 o 2029.

La figura siguiente muestra el *layout* de un multiplexor 2:1 fabricado con tecnología PTL (*Pass-Transistor Logic*) en el que podemos comprobar que la superficie consumida en la integración no es proporcional al tamaño de los pozos de los transistores, por más que los procesos de fabricación se clasifiquen en atención a sus dimensiones. Nótese la gran separación que existe entre esos pozos, así como entre las pistas que realizan las conexiones. No en vano, en muchas ocasiones el enrutado de las pistas es un problema tan desafiante como la propia implementación de los dispositivos activos, ya que hay que procurar minimizar impedancias y ruidos.

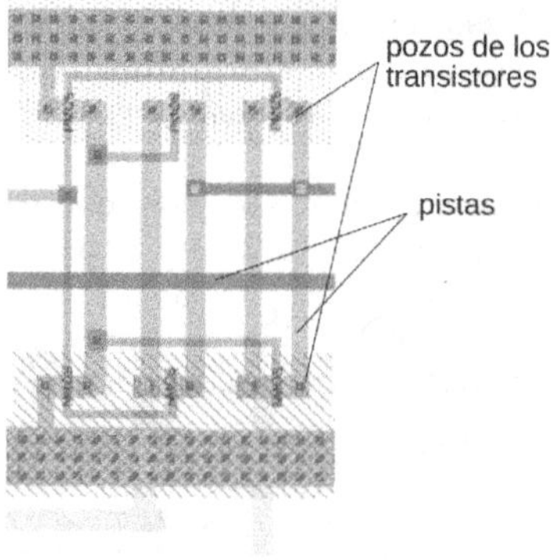

Figura 5.19 *Layout* de un multiplexor 2:1 PTL.

Llegados a este punto, hemos de citar la famosa "ley de Moore", según la cual el número de componentes por chip se doblaba cada 18 meses, hasta que dejó de cumplirse aproximadamente hacia el año 2015. Las razones son tanto económicas como físicas, ya que la cantidad de átomos en distancias de nanometros es tan pequeña que se manifiestan fenómenos cuánticos.

En la actualidad, el 90 % de la integración está basada en transistores MOSFET (sobre todo CMOS) y casi el resto es BJT. La fabricación heterogénea MOSFET-BJT sobre la misma oblea sigue siendo un importante reto industrial. En el caso MOSFET, los productos analógicos representan algo menos del 15 %, mientras que las memorias y los procesadores se llevan un 25 % de la producción cada uno.

5.6.1 Fabricación de circuitos integrados

A continuación se enumeran los procesos más relevantes en la realización de circuitos integrados. Se dan en orden cronológico, aunque es habitual que los centrales se empleen de manera cíclica, hasta completar todo el diseño. También puede suceder que alguno de estos procesos no sea necesario en algún caso concreto.

- obtención de las obleas
- oxidación
- fotolitografía
- impurificación
- creación de capas delgadas
- metalización
- encapsulado

Figura 5.20 Oblea procedente de la factoría de AT&T en Tres Cantos (Madrid) hacia 1990. Contiene componentes de la centralita digital 5ESS fabricados con tecnología CMOS de 1,25 μm.

Preparación de las obleas

Las obleas han de ser monocristales de un elevadísimo porcentaje de pureza. Para alcanzar este objetivo es necesario pasar por sucesivas fases de refinamiento. Dado que el silicio acapara la mayor parte de la producción, nos centraremos en su caso, cuya materia prima es la sílice o dióxido de silicio (SiO_2), una sustancia muy abundante en la naturaleza.

La primera fase consiste en la purificación del sustrato, para lo que la sílice se reduce con carbón a 2 000 °C, produciendo silicio metalúrgico de 98 % de pureza, que luego se combina con ácido clorhídrico (ClH) para dar triclorosilano que, finalmente, se reduce en presencia de hidrógeno y proporciona el semiconductor policristalino con una concentración de impurezas inferior a 1 ppm.

Una vez refinado el material, la segunda fase es conseguir que la estructura policristalina pase a cristalina, lo cual se logra o bien por el método Czochraiski o bien por el de la zona flotante, que veremos a continuación.

Una vez producida una columna de silicio cristalino de muy alta pureza, se corta en obleas cuyo espesor depende del radio (de 275 μm, si $r = 2$ in, a 775 μm, si $r = 12$ in).

Método Czochralski El proceso Czochralski[10] consiste en depositar un pequeño cristal perfecto, denominado *semilla*, sobre la superficie del silicio fundido en un crisol. La semilla se hace girar a la vez que se eleva muy lentamente. La consecuencia es que el material fundido se va solidificando poco a poco por debajo de la semilla, copiando exactamente la red ordenada de la estructura atómica de la semilla.

La columna de silicio cristalino puede doparse añadiendo al crisol la sustancia que sea necesaria: para producir un semiconductor tipo N, fósforo, arsénico o antimonio; y para tipo P, boro, aluminio o galio.

Este método tiene algunas características que hay que considerar, a saber: la concentración del dopante es menor en el lado de la semilla que en el otro extremo; y suelen aparecer trazas de oxigeno, que puede dar problemas en dispositivos de alta potencia.

[10] Jan Czochralski (1885 – 1953) fue un químico polaco, creador en 1916 del método que lleva su nombre para cultivar monocristales a partir de material fundido.

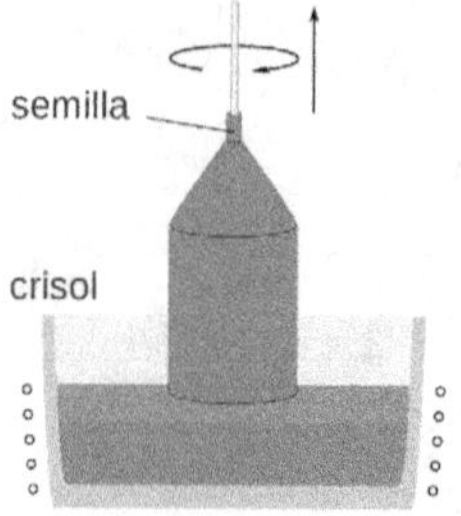

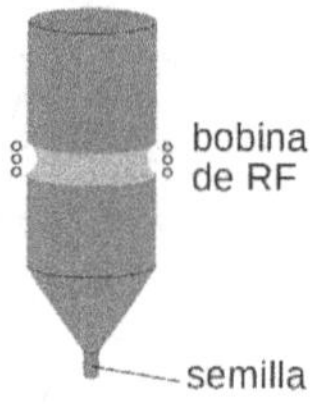

Figura 5.21 Métodos de cristalización: Czochralski a la izq. y FZ a la dch.

Método de la zona flotante En el método FZ (*Float-Zone*) una bobina de radiofrecuencia funde una parte de la columna de silicio policristalino, de manera que esa zona líquida avanza sola y deja atrás un cristal muy limpio sin tocar ningún recipiente. El material fundido es retenido gracias a la tensión superficial entre ambas caras del material sólido.

Oxidación

Es el proceso por el que se recrece una capa de dióxido de silicio (SiO_2) encima del sustrato. Esta capa sirve de aislante eléctrico (constante dieléctrica 3,9) y para la implantación de condensadores, pero también forma parte instrumental del proceso de fotolitografía, que se utiliza para crear los pozos de los transistores.

La oxidación se lleva a cabo en hornos ultralimpios en presencia de oxígeno (oxidación seca) o en presencia de vapor de agua (oxidación húmeda). La oxidación húmeda crea capas gruesas, pero la seca produce mejores características eléctricas.

Parte del sustrato se consume al oxidar su superficie, a razón de 0,44 μm por cada micra de óxido crecido.

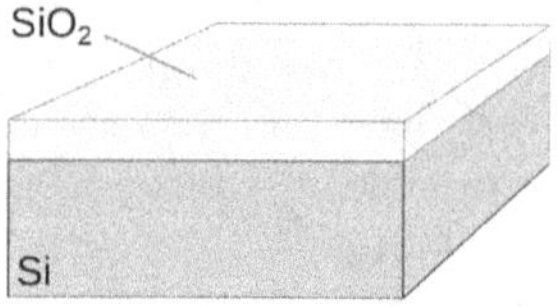

Figura 5.22 Sustrato de silicio con una capa aislante de SiO_2.

Fotolitografía

El fin de la fotolitografía es ubicar sobre la superficie del semiconductor los diversos componentes. Para conseguirlo, se emplean resinas fotosensibles, es decir, aquellas que cambian sus características químicas con la exposición a la luz de ciertas longitudes de onda. Entre la resina y la luz se interponen máscaras que facilitan la exposición selectiva, de forma que se "dibujen" los patrones de sensibilización deseados. Así, posteriormente se podrán eliminar con algún químico las áreas requeridas y proceder a realizar en ellas ulteriores procesos. Concretamente:

- se cubre la oblea oxidada con fotoresina positiva o negativa
- se ilumina con luz ultravioleta a través de una mascara, de forma que la resina expuesta se ablande (positiva) o se endurezca (negativa)
- se elimina la fotoresina no polimerizada, dejando un patrón de pozos con acceso a la oblea
- se elimina el dióxido de silicio con ácido fluorhídrico (HF), ahondando los pozos hasta llegar al sustrato; esto se conoce como grabado o *etching*[11]

[11] Existen diversos tipos de grabado: seco, húmedo y RIE (*Reactive Ion Etching*).

- se trata el sustrato como sea necesario
- se elimina la fotoresina con ácido sulfúrico (H_2SO_4) o nítrico (HNO_3)
- se vuelve a empezar, recreciendo otra capa de óxido, para ubicar nuevos componentes, si es necesario

La longitud de onda de la luz de sensibilización tiene que ser lo suficientemente pequeña como para evitar efectos de difracción. Cuando la miniaturización alcanza un determinado umbral hay que pasarse a los rayos X o trabajar con haces de electrones.

La figura siguiente ilustra un ejemplo de proceso fotolitográfico en el que se suceden los procesos enumerados anteriormente.

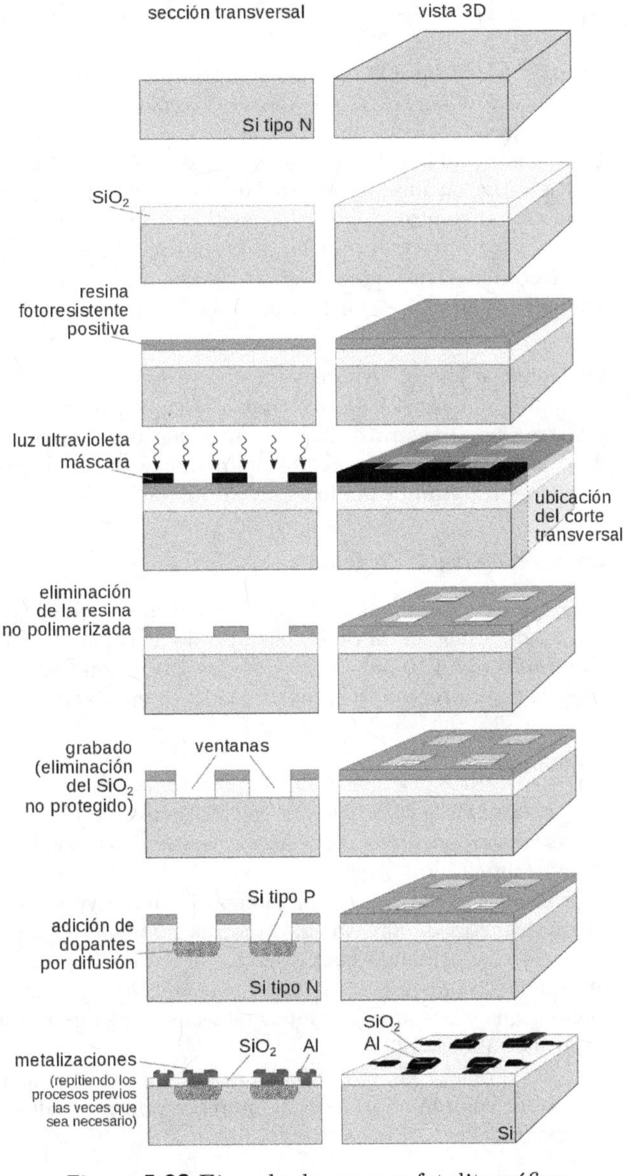

Figura 5.23 Ejemplo de proceso fotolitográfico.

Impurificación

Consiste en la adición de dopantes en el sustrato con el fin de cambiar su tipo de conductividad σ. Existen dos métodos: la difusión y la implantación iónica.

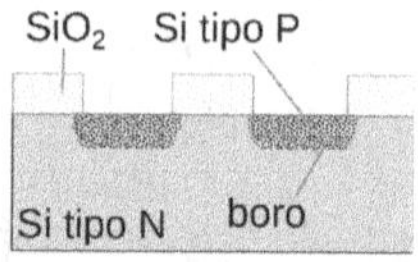

Figura 5.24 Impurificación de dos pozos con boro para crear sendas uniones PN.

Difusión Mediante la difusión se introducen átomos de impurezas en el semiconductor para cambiar su resistividad ρ (inverso de la conductividad $\rho = \sigma^{-1}$). Sabemos que, en general, los átomos se mueven de una región de alta concentración a una de baja concentración. En el caso que nos ocupa, se trabaja en un horno en el que las obleas están en una atmósfera que contiene el gas dopante, que tiende a difundirse en el cristal semiconductor. Dependiendo de la temperatura y del tiempo, se puede controlar con mucha precisión la profundidad hasta la que llegará la impurificación.

Recordemos que, para el silicio, el dopante tipo P más habitual es el boro, mientras que para el tipo N, se suele usar el fósforo y el arsénico.

Implantación iónica Ahora se producen iones del impurificante deseado, se aceleran mediante un campo eléctrico contra la superficie del semiconductor, y de esta forma penetran en el sustrato. La concentración del dopante se puede gobernar gracias al flujo de iones. También es posible manejar el ángulo de ataque, lo cual hace que el método sea óptimo cuando se desea un control preciso del perfil de dopaje.

Creación de capas delgadas

Es un proceso mediante el cual se hacen reaccionar químicamente gases o vapores con la superficie de la oblea para producir capas delgadas de toda una variedad de materiales (óxidos, polisilicio, metales y semiconductor con estructura cristalina, en cuyo caso, el proceso se llama crecimiento epitaxial).

Metalización

Consiste en la colocación de los contactos metálicos o pistas que interconectan los diversos componentes (transistores, resistencias, condensadores, etc.) para formar el circuito integrado.

Existen varias técnicas. En la deposición por vapor, se evapora el metal a depositar en una cámara de alto vacío, de forma que cuando alcanza la oblea se condensa en su superficie formando las pistas. En el caso del *sputtering* o pulverización catódica, se bombardea un material sólido con iones de gas para desprender sus átomos, de manera que estos átomos viajan movidos por el campo eléctrico y forman una capa uniforme sobre la oblea.

Normalmente las metalizaciones se realizan con aluminio, pero también se utiliza cobre cuando se necesitan interconexiones de alta velocidad, debido a su baja resistencia[12].

[12] En este punto animamos al lector a buscar en Internet las microfotografías de los primeros chips metalizados con cobre, fabricados por IBM en 1997.

Encapsulado

Una oblea de semiconductor puede contender decenas de chips. Una vez finalizada su fabricación, se comprueba el correcto funcionamiento de los integrados que la componen y se trocea, desechando los defectuosos y encapsulando el resto. El fin del empaquetamiento es protegerlo físicamente y de la corrosión, y facilitar la evacuación del calor generado. Evidentemente, la carcasa actúa como interfase con el mundo exterior a través de sus contactos o *pines*. Normalmente se utilizan alambres de oro para conectar las terminales del encapsulado con los contactos de las pistas en el chip.

Podemos distinguir dos grandes tipos de encapsulados en función de cómo se disponen en la placa de circuito impreso o PCB (*Printed Circuit Board*): aquellos cuyos pines deben pasar a través de los agujeros de la placa antes de soldarse o THT (*Through-Hole Technology*); y los de montaje superficial o SMD (*Surface Mount Device*), cuyos pines se sueldan directamente sobre la superficie de la placa.

Figura 5.25 Encapsulado DIP.

Entre los THT tenemos los SIP (*Single Inline Package*), los DIP (*Dual Inline Package*) o los PGA (*Pin Grid Array*), y entre los SMD, los SOP (*Small Outline Package*), los TSOP (*Thin Small-Outline Package*), los LCC (*Leadless Chip Carrier*) o los BGA (*Ball Grid Array*).

Figura 5.26 Encapsulado TSOP.

5.6.2 Evaluación del coste de fabricación

El coste de los circuitos integrados[13] puede representar hasta la cuarta parte del coste final de un computador, aunque no debemos establecer un porcentaje fijo, pues depende de múltiples factores. Así, fabricar un chip en una factoría puntera, digamos que con tecnología de 3 nm, puede ser entre 4 y 10 veces más caro que en otra factoría tecnológicamente más antigua. Se estima que la puesta en marcha de una fábrica nueva (nodo) ronda los 20 000 millones de dólares, si es para avanzar un paso más en la disminución del ancho del canal MOSFET.

Dejando aparte la categoría del nodo de fabricación, el coste de los chips depende del porcentaje de los que resultan defectuosos por oblea, del coste de los *test* a los que se les somete, del número de patillas o *pines* que tengan y del encapsulado.

[13] Se recomienda la lectura de la sección "Coste de un circuito integrado" del libro *Arquitectura de computadores. Un enfoque cuantitativo* de John L. Hennessy y David A. Patterson (Mc Graw Hill, 1993). Aunque los datos económicos y algunos de los aspectos descritos se han quedado obsoletos, la idea general es bastante ilustrativa.

Como ya se ha dicho, una oblea puede tener decenas de dados o chips, y es normal que algunos de ellos salgan defectuosos. Su coste ha de repartirse entre los que finalmente alcancen el mercado, pero las comprobaciones también se llevan un tiempo y un coste, que hay que contabilizar.

La cantidad de *pines* de un circuito integrado no es un asunto menor en el diseño. Pensemos que los contactos de las pistas están situados mayoritariamente en el perímetro del dado semiconductor. Si hay muchos, la única manera de ubicarlos es agrandando la superficie del chip para que ofrezca un contorno más largo, pero el incremento del área del dado aumenta la probabilidad de producir unidades defectuosas por cada oblea y, por tanto, el coste total de fabricación.

Finalmente, encapsular el chip conlleva varios costes: el de la propia carcasa, el trabajo de conexionado y el debido al porcentaje de integrados que se estropean en esta fase como consecuencia de la manipulación. El porcentaje del coste del encapsulado sobre el total también es función del área del chip, de manera que es mayor para dados pequeños que para dados grandes.

En conclusión, comprobamos que la evaluación del coste de fabricación no es un tema baladí, aunque nos movamos estrictamente en el ámbito de la ingeniería. Si, además, tenemos en consideración que no es lo mismo coste que precio, y le añadimos tensiones comerciales o crisis geopolíticas, el tema se complica aún más.

Problemas propuestos

5.1 Utilizando lógica RTL, dibuje el esquema de la implementación de una puerta XOR de 2 entradas basada en puertas universales NAND. ¿Cuántos transistores emplea? **Solución:** La función lógica utilizada es $s = \overline{\overline{(x \cdot \overline{x \cdot y})} \cdot \overline{(y \cdot \overline{x \cdot y})}}$ y el número de transistores empleado 8.

5.2 Utilizando lógica RTL, dibuje el esquema de la implementación de la función $s = \overline{(x \cdot y)} + z$. ¿Cuántos elementos activos emplea?

5.3 Utilizando lógica RTL, dibuje el esquema de la implementación de la función $s = \overline{x \cdot y} + \overline{x} \cdot \overline{y}$. ¿Cuántos elementos activos emplea? ¿A qué especificación corresponde, expresada como tabla de verdad?

5.4 ¿Cómo es la implementación NAND de 3 entradas en la familia RTL? **Solución:** El esquema es el siguiente:

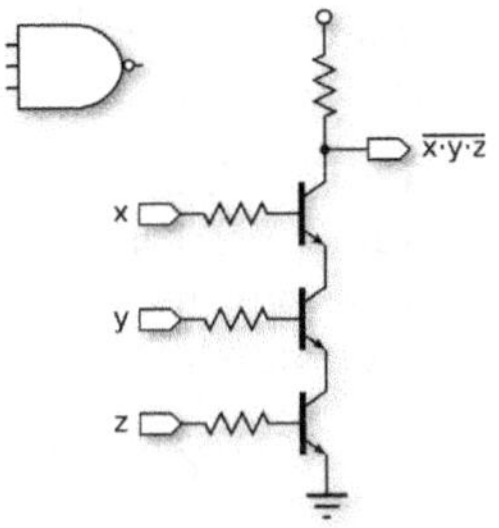

Figura 5.27 Implementación NAND de 3 entradas en la familia RTL.

5.5 ¿Cómo es la implementación NAND de 3 entradas en la familia TTL? **Solución:** El esquema es el siguiente:

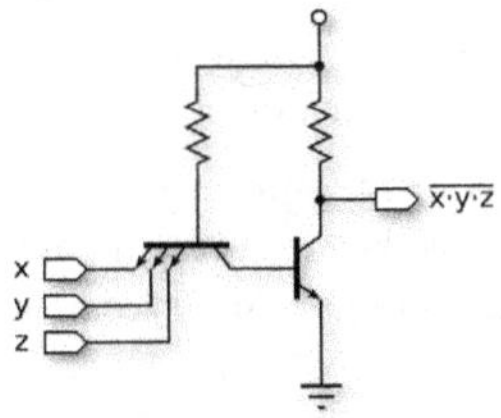

Figura 5.28 Implementación NAND de 3 entradas en la familia TTL.

5.6 Utilizando lógica TTL, dibuje el esquema de la implementación de una puerta XOR de 2 entradas basada en la suma de productos. Suponga que se utilizan transistores multiemisor siempre que sea posible. ¿Cuántos elementos activos emplea? **Solución:** Emplea 13 transistores BJT convencionales y 2 multiemisor.

5.7 Utilizando lógica TTL, dibuje el esquema de la implementación de una puerta XOR de 2 entradas basada en puertas universales NAND. Suponga que se utilizan transistores multiemisor siempre que sea posible. ¿Cuántos elementos activos emplea? **Solución:** Emplea 4 transistores BJT convencionales y 4 multiemisor.

5.8 Utilizando lógica TTL, dibuje el esquema de la implementación de una puerta XOR de 2 entradas basada en puertas universales NOR. ¿Cuántos elementos activos emplea? **Solución:** Emplea 16 transistores BJT.

5.9 Utilizando lógica TTL, dibuje el esquema de la implementación de la función $s = \overline{\overline{x \cdot y} + x \cdot y}$. ¿Cuántos elementos activos emplea? ¿A qué especificación corresponde, expresada como tabla de verdad?

5.10 Utilizando lógica CMOS, dibuje el esquema de la implementación de la función $s = \overline{(x \cdot y)} + z$. ¿Cuántos elementos activos emplea? Compárelo con el esquema propuesto en la figura 5.10.

5.11 A partir de la implementación directa de la puerta XOR de 2 entradas en la familia CMOS, dibuje el esquema de una composición XOR de 3 entradas en serie (o cadena o cascada). ¿Cuántos elementos activos emplea? Compárelo con el esquema propuesto en la figura 5.12.

5.12 Estime el área y el retardo de una puerta XOR de 2 entradas implementada con puertas universales NAND de lógica RTL.

5.13 Estime el área y el retardo de una implementación TTL de la función $s = \overline{(x \cdot y)} + z$.

5.14 Estime el área y el retardo de una implementación CMOS de la función $s = \overline{x} \cdot y + z$.

5.15 Sea la función lógica: $s = (x \oplus y) \cdot z$. Realice una estimación del área de silicio consumida para alguna de las implementaciones en las diferentes familias lógicas, a saber, RTL, TTL o CMOS.

5.16 Para la función lógica del problema anterior y la implementación seleccionada, identifique los bloques de conmutación, el camino crítico y calcule el retardo total.

5.17 Queremos diseñar un circuito que devuelva 1 en una señal de salida s si en un conjunto de n señales de entrada e_i con $i \in [0.n-1]$, todas están a 0, es decir, se desea construir un circuito detector de cero. Proponga una implementación del circuito en la familia TTL. Estime el área de semiconductor consumida y el retardo en función de n. Identifique el camino crítico.

5.18 Sea la función cuya implementación RTL ilustra la figura 5.17. ¿Cómo quedaría si usáramos la síntesis equivalente con universales NAND? Estime su coste en área de semiconductor así como la longitud del camino crítico?

5.19 Sea la función cuya implementación RTL ilustra la figura 5.17. Proponga un equivalente TTL y estime sus costes espaciales y temporales.

5.20 Sea la función cuya implementación RTL ilustra la figura 5.17. Proponga un equivalente CMOS y estime sus costes espaciales y temporales.

5.21 A la luz de los procesos de fabricación microelectrónica descritos en este capítulo, investigue cuántas etapas y de qué tipo son las que se siguen para fabricar algunos de los procesadores más extendidos comercialmente en nuestros días.

6 Análisis y síntesis de funciones lógicas

6.1 Conceptos, notación y técnicas básicas

En los capítulos precedentes hemos visto el álgebra booleana, como base del diseño digital de los computadores, las puertas, como elementos constituyentes de las funciones lógicas, y algunas de las familias electrónicas que implementan físicamente esas puertas e incluso, como sucede en el caso de la CMOS, también funciones complejas. En este capítulo, dando un paso más, trataremos del análisis y la síntesis de las funciones lógicas.

Entendemos por análisis de un circuito lógico, la obtención de la especificación formal que describe su comportamiento. Dicha especificación admite dos modos:

- la expresión algebraica booleana; o
- la tabla de verdad

Normalmente, cuando disponemos del esquema lógico, sacamos la expresión booleana, mientras que si sólo disponemos de una caja negra, con un conjunto de entradas y un conjunto de salidas, confeccionamos su tabla de verdad dando valores a las entradas ordenadamente y anotando la combinación saliente. Como veremos en breve, ambas especificaciones son intercambiables.

La síntesis es el proceso consistente en encontrar una organización de puertas lógicas que lleve a cabo el comportamiento dado por una especificación. Esa especificación puede venir de una expresión boolena, de una tabla de verdad o de otras formalizaciones (aritméticas, lógicas, algorítmicas, etc.). Como hemos visto anteriormente, la solución no es única e, incluso cuando se dispone de la ecuación booleana, es conveniente valorar las ventajas y los inconvenientes de cada solución, normalmente a la luz de la implementación física, para seleccionar la mejor.

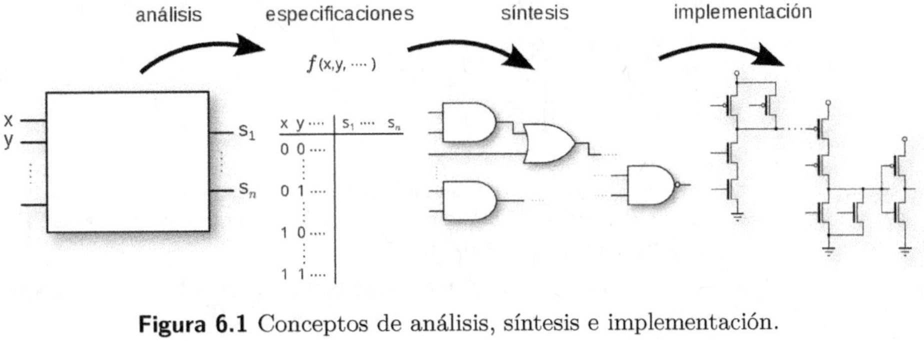

Figura 6.1 Conceptos de análisis, síntesis e implementación.

Muchas veces una expresión booleana es susceptible de ser simplificada, reduciendo el número de puertas lógicas de su síntesis. Las versiones simplificadas han de ser siempre el objetivo de todo diseñador, pues consumen menos área y menos potencia y permiten operar a una mayor frecuencia de reloj. En este capítulo también presentaremos los métodos de simplificación.

Ejemplo 6.1 Analicemos el circuito lógico de la figura obteniendo su especificación.

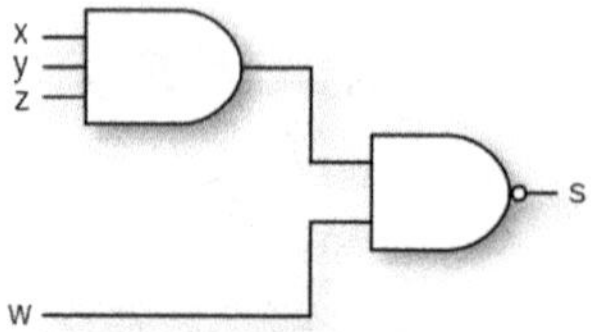

Figura 6.2 Propuesta de circuito a analizar.

Solución Comenzamos por las entradas situadas a la izquierda y avanzamos hacia la salida, tomando nota de la operación que realiza cada puerta lógica. En este caso obtenemos $\overline{(x \cdot y \cdot z) \cdot w}$, pero, dado que la multiplicación lógica es asociativa, podemos describir el comportamiento como $\overline{x \cdot y \cdot z \cdot w}$, esto es, como el de una puerta NAND de 4 entradas. La especificación se ha dado en forma de ecuación lógica, pero podemos sacar su equivalente en forma de tabla de verdad. Para ello, damos valores ordenadamente a sus entradas, anotando para cada una el estado de la salida:

x	y	z	w	s	x	y	z	w	s
0	0	0	0	1	1	0	0	0	1
0	0	0	1	1	1	0	0	1	1
0	0	1	0	1	1	0	1	0	1
0	0	1	1	1	1	0	1	1	1
0	1	0	0	1	1	1	0	0	1
0	1	0	1	1	1	1	0	1	1
0	1	1	0	1	1	1	1	0	1
0	1	1	1	1	1	1	1	1	0

Una vez obtenida la especificación, en cualquiera de sus formas, podríamos pensar en simplificar, si es posible, la función lógica y en buscar la mejor implementación física para una familia lógica destino.

Ejemplo 6.2 Sinteticemos la especificación de un circuito lógico cuya entrada tiene 3 bits ($x_{2,3}$) y cuya única salida se pone a 1 si el número de unos en la entrada es impar.

Solución La especificación se ha verbalizado en lenguaje natural, pero podría escribirse formalmente así: $f(x_{2,3}) = 1$ si y sólo si $\mathsf{card}(x_i = 1) = 2p + 1$ con $i \in [0, n-1]$ y $p \in \mathbb{N}$.

Confeccionemos la tabla de verdad correspondiente a la especificación:

x_2	x_1	x_0	s	x_2	x_1	x_0	s
0	0	0	0	1	0	0	1
0	0	1	1	1	0	1	0
0	1	0	1	1	1	0	0
0	1	1	0	1	1	1	1

Esta tabla de verdad se puede escribir de manera más compacta así: $f(x_{2,3}) = \{(001), (010), (100), (111)\}$, donde enumeramos entre llaves las combinaciones entrantes que producen 1 a la salida.

A partir de la notación compacta podemos llegar a la siguiente expresión booleana: $f(x_{2,3}) = \overline{x}_2 \cdot \overline{x}_1 \cdot x_0 + \overline{x}_2 \cdot x_1 \cdot \overline{x}_0 + x_2 \cdot \overline{x}_1 \cdot \overline{x}_0 + x_2 \cdot x_1 \cdot x_0$.

Nótese que la ecuación lógica toma la forma de las combinaciones enumeradas en la notación compacta de la tabla de verdad, trasladando la variable cuando aparece como 1 y su negada cuando aparece como 0.

No obstante, si caemos en la cuenta de que la especificación corresponde al detector de paridad, tendremos: $f(x_{2,3}) = x_0 \oplus x_1 \oplus x_2$.

6.1.1 Cuestiones de notación

Con respecto a las expresiones booleanas, las variables y sus negadas se conocen como *literales*. Cualquier término de la función en que aparezcan todos los literales de las que depende la función, ya sea relacionados por la suma o por la multiplicación, se denomina *término canónico*, y aquella ecuación algebraica formada exclusivamente por términos canónicos recibe el nombre de *función canónica*.

Si nos fijamos en el ejemplo previo, la expresión $f(x_{2,3}) = \overline{x}_2 \cdot \overline{x}_1 \cdot x_0 + \overline{x}_2 \cdot x_1 \cdot \overline{x}_0 + x_2 \cdot \overline{x}_1 \cdot \overline{x}_0 + x_2 \cdot x_1 \cdot x_0$ está compuesta por 4 términos con los 3 literales posibles cada uno, es decir, 4 términos canónicos de productos dando lugar, por tanto, a una función canónica. En cambio, la síntesis alternativa $f(x_{2,3}) = x_0 \oplus x_1 \oplus x_2$ no contiene ningún término canónico y no es una función canónica.

Como vemos, los términos canónicos se trasladan directamente desde la tabla de verdad, facilitando la síntesis, pero sin garantizar operar con la expresión más simple posible.

Cuando un término canónico relaciona sus literales mediante la multiplicación se conoce como *minterm*, *término canónico producto* o sencillamente *término producto*, y cuando relaciona sus literales mediante la suma se conoce como *maxterm* o *término suma*. La tabla siguiente muestra todos los minterms y los maxterms para una función de tres variables incluyendo sus identificadores en binario y en decimal:

id. decimal	id. binario	minterm	maxterm
0	000	$\overline{z} \cdot \overline{y} \cdot \overline{x}$	$z + y + x$
1	001	$\overline{z} \cdot \overline{y} \cdot x$	$z + y + \overline{x}$
2	010	$\overline{z} \cdot y \cdot \overline{x}$	$z + \overline{y} + x$
3	011	$\overline{z} \cdot y \cdot x$	$z + \overline{y} + \overline{x}$
4	100	$z \cdot \overline{y} \cdot \overline{x}$	$\overline{z} + y + x$
5	101	$z \cdot \overline{y} \cdot x$	$\overline{z} + y + \overline{x}$
6	110	$z \cdot y \cdot \overline{x}$	$\overline{z} + \overline{y} + x$
7	111	$z \cdot y \cdot x$	$\overline{z} + \overline{y} + \overline{x}$

Observe que cada identificador binario se corresponde con la combinación de las variables de entrada en la tabla de verdad, de manera que los minterms son las expresiones de literales que producen 1 para cada combinación de entrada y los maxterms son las expresiones que producen 0. En definitiva, para cada identificador, el negado de su minterm (m_i) es su maxterm (M_i), y viceversa, tal y como nos aseguran las leyes de De Morgan.

$$\overline{m_i} \equiv M_i \qquad \overline{M_i} \equiv m_i$$

Volviendo sobre el ejemplo previo, la tabla de verdad correspondiente a la función a sintetizar también se puede escribir de manera compacta enumerando el conjunto C de identificadores decimales de los minterms que producen $s = 1$, esto es: $f(x_{2,3}) = C = \{1, 2, 4, 7\}$.

Pues bien, una expresión booleana formada por la suma de términos producto o minterms es una *fórmula canónica disyuntiva* o SOP (*Sum of Products*), y una formada por el producto de términos suma o maxterms es una *fórmula canónica conjuntiva* o POS (*Product of Sums*). Ambas fórmulas canónicas se deducen directamente de la especificación de cualquier función lógica expresada en forma de tabla de verdad.

6.1.2 Conversión de SOP a POS

En general, si C es el conjunto de identificadores de los minterms que producen salida 1 tenemos:

$$f = \sum_C \mathsf{m}_i$$

Que gracias a las leyes de De Morgan admite estas identidades:

$$f = \sum_C \mathsf{m}_i \equiv \overline{\prod_C \overline{\mathsf{m}_i}} \equiv \overline{\prod_C \mathsf{M}_i}$$

Lo cual coincide con lo explicado anteriormente (cf. 4.3), esto es, la aplicación de la triple acción sobre la función lógica f: negación de los literales, inversión de los operadores y negación de la expresión resultante completa.

Evidentemente, lo anterior también es cierto a partir de la forma POS:

$$g = \prod_C \mathsf{M}_i \equiv \overline{\sum_C \overline{\mathsf{M}_i}} \equiv \overline{\sum_C \mathsf{m}_i}$$

Sin embargo, démonos cuenta de que las identidades presentadas no dan lugar a funciones canónicas, pues se niegan las funciones completas. Ahora bien, existe una relación adicional a partir de la función lógica complementada $\overline{f}$:

$$\overline{f} = \sum_{\overline{C}} \mathsf{m}_i$$

Donde $\overline{C}$ es el conjunto complementario de C, es decir, el conjunto que contiene todos los elementos que no están en el conjunto original. La ecuación es cierta ya que el complementario reúne los identificadores de los minterms que producen salida 0, precisamente la salida de la función complementaria.

En conclusión, se verifican las siguientes relaciones:

$$f = \sum_C \mathsf{m}_i \equiv \overline{\sum_{\overline{C}} \mathsf{m}_i} \equiv \prod_{\overline{C}} \mathsf{M}_i$$

$$g = \prod_C \mathsf{M}_i \equiv \overline{\prod_{\overline{C}} \mathsf{M}_i} \equiv \sum_{\overline{C}} \mathsf{m}_i$$

Ejemplo 6.3 Sea la especificación del problema precedente en forma de tabla de verdad compacta $f(\mathsf{x}_{2,3}) = C = \{1, 2, 4, 7\}$. Determinemos tres expresiones lógicas obtenidas a partir de esta tabla e identifiquemos las que sean canónicas.

Solución La primera ecuación es la ya obtenida a partir del conjunto C de minterms y es canónica en forma SOP:

$$f(\mathsf{x}_{2,3}) = \sum_C \mathsf{m}_i = \overline{\mathsf{x}}_2 \cdot \overline{\mathsf{x}}_1 \cdot \mathsf{x}_0 + \overline{\mathsf{x}}_2 \cdot \mathsf{x}_1 \cdot \overline{\mathsf{x}}_0 + \mathsf{x}_2 \cdot \overline{\mathsf{x}}_1 \cdot \overline{\mathsf{x}}_0 + \mathsf{x}_2 \cdot \mathsf{x}_1 \cdot \mathsf{x}_0$$

La segunda utiliza maxterms y se corresponde con la negación de literales, inversión de operadores y negación de la expresión completa utilizando la identidad:

$$f(\mathsf{x}_{2,3}) = \overline{\prod_C \mathsf{M}_i}$$

Pero esta solución no es una función canónica, pues está en forma negada, como vemos:

$$f(\mathsf{x}_{2,3}) = \overline{(\mathsf{x}_2 + \mathsf{x}_1 + \overline{\mathsf{x}}_0) \cdot (\mathsf{x}_2 + \overline{\mathsf{x}}_1 + \mathsf{x}_0) \cdot (\overline{\mathsf{x}}_2 + \mathsf{x}_1 + \mathsf{x}_0) \cdot (\overline{\mathsf{x}}_2 + \overline{\mathsf{x}}_1 + \overline{\mathsf{x}}_0)}$$

Finalmente, la tercera función también usa maxterms, pero se basa en el conjunto complementario $\overline{C} = \{0, 3, 5, 6\}$ de identificadores, y es canónica en forma POS:

$$f(\mathsf{x}_{2,3}) = \prod_{\overline{C}} \mathsf{M}_i = (\mathsf{x}_2 + \mathsf{x}_1 + \mathsf{x}_0) \cdot (\mathsf{x}_2 + \overline{\mathsf{x}}_1 + \overline{\mathsf{x}}_0) \cdot (\overline{\mathsf{x}}_2 + \mathsf{x}_1 + \overline{\mathsf{x}}_0) \cdot (\overline{\mathsf{x}}_2 + \overline{\mathsf{x}}_1 + \mathsf{x}_0)$$

La comprobación de que las 3 expresiones son correctas se puede realizar mediante manipulación algebraica o acudiendo a una calculadora de tablas de verdad *online*.

6.1.3 Conversión de funciones no canónicas a canónicas

La teoría que hemos venido desarrollando se fundamenta en funciones canónicas, es decir, aquellas cuyos términos contienen todos los literales de la función. Sin embargo, esto no sucede siempre y por eso es necesario conocer los métodos que nos permiten convertir una función cualquiera a su forma canónica.

Cuando operamos con sumas de productos, multiplicamos cada sumando en el que falten literales por tantos factores $(\mathsf{A} + \overline{\mathsf{A}})$ como literales ausentes, sabiendo que A se sustituye por cada uno de esos literales. Análogamente, cuando operamos con productos de sumas, sumamos en cada factor en el que falten literales tantos sumandos $(\mathsf{A} \cdot \overline{\mathsf{A}})$ como sean los ausentes.

Ya sabemos que $(\mathsf{A}+\overline{\mathsf{A}}) = 1$ y que $(\mathsf{A}\cdot\overline{\mathsf{A}}) = 0$ por lo que estos términos no cambian nada. Una vez incluidos se operan y distribuyen, eliminando todos los elementos idempotentes.

Ejemplo 6.4 Convirtamos la función no canónica $f(\mathsf{x}, \mathsf{y}, \mathsf{z}) = \mathsf{x} + \mathsf{y} \cdot \mathsf{z}$ a canónica.

Solución Puesto que se trata de una fórmula SOP, multiplicamos cada término por lo que le falta en forma $(\mathsf{A} + \overline{\mathsf{A}})$ y desarrollamos algebraicamente:

$$f(\mathsf{x},\mathsf{y},\mathsf{z}) = \mathsf{x} \cdot (\mathsf{y}+\overline{\mathsf{y}}) \cdot (\mathsf{z}+\overline{\mathsf{z}}) + (\mathsf{x}+\overline{\mathsf{x}}) \cdot \mathsf{y} \cdot \mathsf{z} \equiv (\mathsf{x}\cdot\mathsf{y}+\mathsf{x}\cdot\overline{\mathsf{y}}) \cdot (\mathsf{z}+\overline{\mathsf{z}}) + \mathsf{x}\cdot\mathsf{y}\cdot\mathsf{z} + \overline{\mathsf{x}}\cdot\mathsf{y}\cdot\mathsf{z} \equiv \mathsf{x}\cdot\mathsf{y}\cdot\mathsf{z}+\mathsf{x}\cdot\overline{\mathsf{y}}\cdot\mathsf{z}+\mathsf{x}\cdot\mathsf{y}\cdot\overline{\mathsf{z}}+\mathsf{x}\cdot\overline{\mathsf{y}}\cdot\overline{\mathsf{z}}+\cancel{\mathsf{x}\cdot\mathsf{y}\cdot\mathsf{z}}+\overline{\mathsf{x}}\cdot\mathsf{y}\cdot\mathsf{z} \equiv \mathsf{x}\cdot\mathsf{y}\cdot\mathsf{z}+\mathsf{x}\cdot\mathsf{y}\cdot\overline{\mathsf{z}}+\mathsf{x}\cdot\overline{\mathsf{y}}\cdot\mathsf{z}+\mathsf{x}\cdot\overline{\mathsf{y}}\cdot\overline{\mathsf{z}}+\overline{\mathsf{x}}\cdot\mathsf{y}\cdot\mathsf{z}.$$

Nótese que el resultado coincide con la expresión compacta de la tabla de verdad: $f(\mathsf{x}, \mathsf{y}, \mathsf{z}) = C = \{3, 4, 5, 6, 7\}$.

A partir del conjunto $\overline{C} = \{0, 1, 2\}$ podemos construir la versión canónica POS: $f(\mathsf{x}, \mathsf{y}, \mathsf{z}) = (\mathsf{x} + \mathsf{y} + \mathsf{z}) \cdot (\mathsf{x} + \mathsf{y} + \overline{\mathsf{z}}) \cdot (\mathsf{x} + \overline{\mathsf{y}} + \mathsf{z})$.

Ejemplo 6.5 Sea la función no canónica correspondiente a la puerta NAND de 2 entradas $f(\mathsf{x}, \mathsf{y}) = \overline{\mathsf{x} \cdot \mathsf{y}}$. Convirtámosla a sus formas canónicas.

Solución En general, nótese que las puertas básicas de salida negada, NAND, NOR y XNOR, tienen una definición compacta, pero no canónica. Recordemos que las formas canónicas son la SOP y la POS, pero nunca una negación completa de todos los términos.

En el caso que nos ocupa, si aplicamos las leyes de De Morgan conseguimos una forma no negada:

$$f(\mathsf{x}, \mathsf{y}) = \overline{\mathsf{x} \cdot \mathsf{y}} \equiv \overline{\mathsf{x}} + \overline{\mathsf{y}}$$

Esta forma es canónica si se interpreta como POS y contiene como único maxterm el de identificador 3.

Ahora bien, si la tomamos como SOP es una suma a cuyos términos les faltan literales. Si procedemos según indica el método de conversión a función canónica nos queda:

$$f(\mathsf{x}, \mathsf{y}) = \overline{\mathsf{x}} + \overline{\mathsf{y}} \equiv \overline{\mathsf{x}} \cdot (\mathsf{y} + \overline{\mathsf{y}}) + (\mathsf{x} + \overline{\mathsf{x}}) \cdot \overline{\mathsf{y}} \equiv \overline{\mathsf{x}} \cdot \mathsf{y} + \overline{\mathsf{x}} \cdot \overline{\mathsf{y}} + \mathsf{x} \cdot \overline{\mathsf{y}} + \cancel{\overline{\mathsf{x}} \cdot \overline{\mathsf{y}}}$$

Como era de esperar, el resultado corresponde a la suma de 3 de los 4 posibles minterms de la función, tal y como indica la forma compacta de su tabla de verdad: $f(x, y) = C = \{0, 1, 2\}$. Evidentemente, la forma POS corresponde con $\overline{C} = \{3\}$, como no podía ser de otra manera.

Ejemplo 6.6 Hagamos lo mismo con la puerta NOR de 2 entradas $f(x, y) = \overline{x + y}$, convirtiéndola a sus formas canónicas.

Solución Apliquemos lo explicado en el ejercicio anterior. La tabla de verdad de la universal NOR de 2 entradas en forma compacta es $f(x, y) = C = \{0\}$. Así, la forma canónica SOP es $f(x, y) = \overline{x + y} \equiv \overline{x} \cdot \overline{y}$, que también se puede derivar de las leyes de De Morgan.

Alternativamente, la forma canónica POS viene de la mano de los maxterms $\overline{C} = \{1, 2, 3\}$, esto es, $f(x, y) = (x + \overline{y}) \cdot (\overline{x} + y) \cdot (\overline{x} + \overline{y})$.

Ejemplo 6.7 Sabemos que la puerta básica XOR de 2 entradas tiene una tabla de verdad $f(x, y) = C = \{1, 2\}$ y que el complementario de C es $\overline{C} = \{0, 3\}$. A partir de estos datos busquemos sus formas canónicas.

Solución La forma SOP es $f(x, y) = \overline{x} \cdot y + x \cdot \overline{y}$, mientras que la forma POS es $f(x, y) = (x + y) \cdot (\overline{x} + \overline{y})$.

Ejemplo 6.8 ¿Cuáles son las formas canónicas de la XNOR de 2 entradas?

Solución Puesto que la XNOR es la negada de la XOR, sus conjuntos C y $\overline{C}$ se intercambian.

Así pues, $f(x, y) = \overline{x} \cdot \overline{y} + x \cdot y$ es la forma SOP, mientras que $f(x, y) = (x + \overline{y}) \cdot (\overline{x} + y)$ es la forma POS.

Ejemplo 6.9 Convirtamos la función no canónica $f(x, y, z) = x \cdot (y + z)$ a canónica.

Solución Puesto que se trata de una fórmula POS, sumamos a cada término lo que le falta en forma $(A \cdot \overline{A})$ y desarrollamos algebraicamente:

$f(x, y, z) = (x + (y \cdot \overline{y}) + (z \cdot \overline{z})) \cdot ((x \cdot \overline{x}) + y + z) \equiv (x + y + z) \cdot (x + y + \overline{z}) \cdot (x + \overline{y} + z) \cdot (x + \overline{y} + \overline{z}) \cdot (\overline{x} + y + z)$.

Sabiendo que el resultado POS coincide con el conjunto $\overline{C} = \{0, 1, 2, 3, 4\}$ podemos construir la versión SOP fácilmente a partir de $C = \{5, 6, 7\}$:

$f(x, y, z) = x \cdot \overline{y} \cdot z + x \cdot y \cdot \overline{z} + x \cdot y \cdot z$.

6.1.4 Teorema de expansión de Shannon

Este teorema, también conocido como teorema fundamental o de descomposición booleana, establece que cualquier función lógica $f(x_n, \cdots x_1, x_0)$ puede separarse en dos términos respecto a una cualquiera de sus variables, cuando dicha variable vale 0 y cuando vale 1. Formalmente, para el caso SOP:

$$f(x_n, \cdots x_1, x_0) \equiv x_n \cdot f(1, \cdots x_1, x_0) + \overline{x}_n \cdot f(0, \cdots x_1, x_0)$$

Donde x_n es la variable de expansión, $f(0, \cdots x_1, x_0)$ es la cofunción resultante de evaluar la expresión original sustituyendo todas las apariciones de la variable de expansión por 0 y $f(1, \cdots x_1, x_0)$ es la cofunción resultante de evaluar la expresión original sustituyendo todas las apariciones de la variable de expansión por 1.

El teorema también se cumple en su forma dual POS:

$$f(x_n, \cdots x_1, x_0) \equiv \Big(x_n + f(0, \cdots x_1, x_0)\Big) \cdot \Big(\overline{x}_n + f(1, \cdots x_1, x_0)\Big)$$

Ejemplo 6.10 Sea la función $f(\mathsf{x},\mathsf{y},\mathsf{z}) = \mathsf{x} \cdot (\mathsf{y} + \mathsf{z})$. Tomando z como variable de expansión, determinemos su descomposición SOP y POS.

Solución Aplicando la teoría tenemos:

$$f(\mathsf{x},\mathsf{y},\mathsf{z}) = \mathsf{z} \cdot f(\mathsf{x},\mathsf{y},1) + \overline{\mathsf{z}} \cdot f(\mathsf{x},\mathsf{y},0)$$

$$f(\mathsf{x},\mathsf{y},\mathsf{z}) = \Big(\mathsf{z} + f(\mathsf{x},\mathsf{y},0)\Big) \cdot \Big(\overline{\mathsf{z}} + f(\mathsf{x},\mathsf{y},1)\Big)$$

Calculemos ahora las cofunciones:

$$f(\mathsf{x},\mathsf{y},0) = \mathsf{x} \cdot \mathsf{y}$$

$$f(\mathsf{x},\mathsf{y},1) = \mathsf{x}$$

De donde:

$$f(\mathsf{x},\mathsf{y},\mathsf{z}) = \mathsf{z} \cdot \mathsf{x} + \overline{\mathsf{z}} \cdot \mathsf{x} \cdot \mathsf{y}$$

$$f(\mathsf{x},\mathsf{y},\mathsf{z}) = (\mathsf{z} + \mathsf{x} \cdot \mathsf{y}) \cdot (\overline{\mathsf{z}} + \mathsf{x})$$

Ejemplo 6.11 Comprobemos algebraicamente que los resultados anteriores son correctos, es decir, se identifican con $\mathsf{x} \cdot (\mathsf{y} + \mathsf{z})$.

Solución Comencemos por la versión SOP:

$$f(\mathsf{x},\mathsf{y},\mathsf{z}) = \mathsf{z} \cdot \mathsf{x} + \overline{\mathsf{z}} \cdot \mathsf{x} \cdot \mathsf{y} \equiv \mathsf{x} \cdot \mathsf{z} \cdot (1 + \mathsf{y}) + \mathsf{x} \cdot \mathsf{y} \cdot \overline{\mathsf{z}} \equiv \mathsf{x} \cdot \mathsf{z} + \mathsf{x} \cdot \mathsf{y} \cdot \mathsf{z} + \mathsf{x} \cdot \mathsf{y} \cdot \overline{\mathsf{z}} \equiv \mathsf{x} \cdot \mathsf{y} + \mathsf{x} \cdot \mathsf{z}$$

Para la versión POS tenemos:

$$f(\mathsf{x},\mathsf{y},\mathsf{z}) = (\mathsf{z} + \mathsf{x} \cdot \mathsf{y}) \cdot (\overline{\mathsf{z}} + \mathsf{x}) \equiv \cancel{\mathsf{z} \cdot \overline{\mathsf{z}}} + \mathsf{x} \cdot \mathsf{y} \cdot \overline{\mathsf{z}} + \mathsf{x} \cdot \mathsf{z} + \mathsf{x} \cdot \mathsf{y} \equiv \mathsf{x} \cdot \mathsf{y} + \mathsf{x} \cdot \mathsf{z}$$

La demostración de este teorema consiste en verificar que es válido cuando la variable de expansión toma el valor 0 y cuando toma el valor 1. Lo veremos para la versión SOP sabiendo que, por el principio de dualidad, si se cumple en ella, también es cierto para la versión POS.

Sea $\mathsf{x}_n = 0$:

$$f(0, \cdots \mathsf{x}_1, \mathsf{x}_0) \equiv \cancel{0 \cdot f(1, \cdots \mathsf{x}_1, \mathsf{x}_0)} + 1 \cdot f(0, \cdots \mathsf{x}_1, \mathsf{x}_0) \equiv f(0, \cdots \mathsf{x}_1, \mathsf{x}_0)$$

Y sea ahora $\mathsf{x}_n = 1$:

$$f(1, \cdots \mathsf{x}_1, \mathsf{x}_0) \equiv 1 \cdot f(1, \cdots \mathsf{x}_1, \mathsf{x}_0) + \cancel{0 \cdot f(0, \cdots \mathsf{x}_1, \mathsf{x}_0)} \equiv f(1, \cdots \mathsf{x}_1, \mathsf{x}_0)$$

Como se cumple para ambos valores de la variable de expansión x_n, se cumple siempre.

Es trivial llevar la descomposición hasta el extremo, expandiendo todas y cada una de las variables de la función. Esto significa que cualquier función lógica $f(\mathsf{x}_n, \cdots \mathsf{x}_1, \mathsf{x}_0)$ se puede representar en forma de suma de minterms multiplicados por los valores binarios resultantes de dar a la función los valores de cada minterm. Por ejemplo, si la función fuera de tres variables, tendríamos:

$$\begin{aligned} f(\mathsf{z},\mathsf{y},\mathsf{x}) = {} & (\overline{\mathsf{z}} \cdot \overline{\mathsf{y}} \cdot \overline{\mathsf{x}}) \cdot f(0,0,0) + (\overline{\mathsf{z}} \cdot \overline{\mathsf{y}} \cdot \mathsf{x}) \cdot f(0,0,1) \\ & + (\overline{\mathsf{z}} \cdot \mathsf{y} \cdot \overline{\mathsf{x}}) \cdot f(0,1,0) + (\overline{\mathsf{z}} \cdot \mathsf{y} \cdot \mathsf{x}) \cdot f(0,1,1) \\ & + (\mathsf{z} \cdot \overline{\mathsf{y}} \cdot \overline{\mathsf{x}}) \cdot f(1,0,0) + (\mathsf{z} \cdot \overline{\mathsf{y}} \cdot \mathsf{x}) \cdot f(1,0,1) \\ & + (\mathsf{z} \cdot \mathsf{y} \cdot \overline{\mathsf{x}}) \cdot f(1,1,0) + (\mathsf{z} \cdot \mathsf{y} \cdot \mathsf{x}) \cdot f(1,1,1) \end{aligned}$$

Evidentemente, la expresión dual de esta es totalmente válida. En realidad, esta expresión no refleja nada más que la especificación de la tabla de verdad: allá donde la función toma el valor 1, su minterm integra la fórmula algebraica y donde la función se anula, su minterm se rechaza.

Ejemplo 6.12 Apliquemos la descomposición anterior a la función $f(x, y, z) = x \cdot (y + z)$.

Solución Veamos los valores de salida que adopta la función para cada combinación de entrada:

$f(0,0,0) = 0$; $f(0,0,1) = 0$; $f(0,1,0) = 0$; $f(0,1,1) = 0$

$f(1,0,0) = 0$; $f(1,0,1) = 1$; $f(1,1,0) = 1$; $f(1,1,1) = 1$

De donde:

$$\begin{aligned} f(z, y, x) = &(\overline{z} \cdot \overline{y} \cdot \overline{x}) \cdot 0 + (\overline{z} \cdot \overline{y} \cdot x) \cdot 0 \\ &+ (\overline{z} \cdot y \cdot \overline{x}) \cdot 0 + (\overline{z} \cdot y \cdot x) \cdot 0 \\ &+ (z \cdot \overline{y} \cdot \overline{x}) \cdot 0 + (z \cdot \overline{y} \cdot x) \cdot 1 \\ &+ (z \cdot y \cdot \overline{x}) \cdot 1 + (z \cdot y \cdot x) \cdot 1 \end{aligned}$$

En definitiva, la función es:

$f(x, y, z) = x \cdot \overline{y} \cdot z + x \cdot y \cdot \overline{z} + x \cdot y \cdot z$

Resultado que coincide, como no podía ser de otra manera, con el conjunto de minterms que indica la tabla de verdad, esto es, $C = \{5, 6, 7\}$.

Ejemplo 6.13 Demostremos que se verifica la identidad $f(x, y, z) = x + y \cdot z \equiv x + \overline{x} \cdot y \cdot z$.

Solución Aplicando el teorema que estamos tratando tenemos:

$x \cdot f(1, y, z) + \overline{x} \cdot f(0, y, z) \equiv x \cdot 1 + \overline{x} \cdot y \cdot z \equiv x + \overline{x} \cdot y \cdot z$.

Si suponemos que x es una señal de control, la función $f(x, y, z)$ representa la síntesis de un dispositivo selector lógico: cuando la señal de control es 1, la salida es 1; y cuando la señal de control es 0, la salida es $y \cdot z$.

El teorema de expansión de Shannon es una herramienta útil en la simplificación de expresiones complejas y es la base matemática utilizada para implementar funciones lógicas mediante multiplexores[1] como estudiaremos más adelante.

6.1.5 Tablas de verdad incompletas

Hasta el momento hemos trabajado con tablas de verdad completas, es decir, aquellas en las que el valor de salida de la función está definido para todas y cada una de las combinación de entrada. Sin embargo, a veces, dicho valor no está definido o es indiferente. En esos casos, no se marca la salida con los habituales 0 o 1, sino con el signo x.

El hecho de que haya términos indiferentes suele venir bien para simplificar la función, puesto que los utilizamos a conveniencia. En cualquier caso, si C es el conjunto de minterms y D el de salidas indiferentes (o un subconjunto de ellas), tenemos:

$$f = \sum_{C} m_i + \sum_{D} \equiv \prod_{\overline{C}} M_i \cdot \prod_{D}$$

Evidentemente, las funciones incompletas se pueden sintetizar con una amplia diversidad de soluciones.

[1] Un multiplexor es un circuito que actúa como un selector de datos. Permite elegir qué señal de entre varias entradas se transmitirá a una única línea de salida. Dicha selección se gestiona mediante unas líneas de control. En el caso más sencillo, tiene dos entradas (x e y) y responde a la función $s = x \cdot \overline{c} + y \cdot c$ donde c es la señal de control.

6.2 Simplificación de circuitos lógicos

Hemos visto que tanto el análisis como la síntesis de funciones lógicas giran en torno a la especificación y que esta no es más que el conjunto C de combinaciones que ofrecen salida 1 para una función concreta. El conjunto C se puede expresar de manera compacta, mediante una tabla de verdad o mediante una fórmula algebraica, que puede darse en formato SOP o POS.

También hemos visto cómo pasar de formato SOP a POS y viceversa, y como convertir una expresión no canónica a canónica. Digamos que nos hemos dotado de un conjunto de herramientas suficientemente capaz como para manejar las funciones lógicas con solvencia.

A la hora de diseñar un sistema, encontrar la síntesis a partir de la especificación es inmediato, aunque muchas veces la primera solución es susceptible de ser simplificada. No olvidemos que estamos trabajando con términos canónicos, esto es, que contienen todos los literales, y no es extraño que sea posible prescindir de alguno o algunos de ellos.

Ejemplo 6.14 La tabla de verdad de una determinada función lógica de 3 variables es $C = \{0, 2, 4, 6\}$. Obtengamos su síntesis en forma canónica SOP y POS, con sus esquemas.

Solución La forma SOP se corresponde con los minterms especificados por el conjunto C, esto es, $f(\mathsf{z}, \mathsf{y}, \mathsf{x}) = \overline{\mathsf{z}} \cdot \overline{\mathsf{y}} \cdot \overline{\mathsf{x}} + \overline{\mathsf{z}} \cdot \mathsf{y} \cdot \overline{\mathsf{x}} + \mathsf{z} \cdot \overline{\mathsf{y}} \cdot \overline{\mathsf{x}} + \mathsf{z} \cdot \mathsf{y} \cdot \overline{\mathsf{x}}$, cuyo esquema es el siguiente:

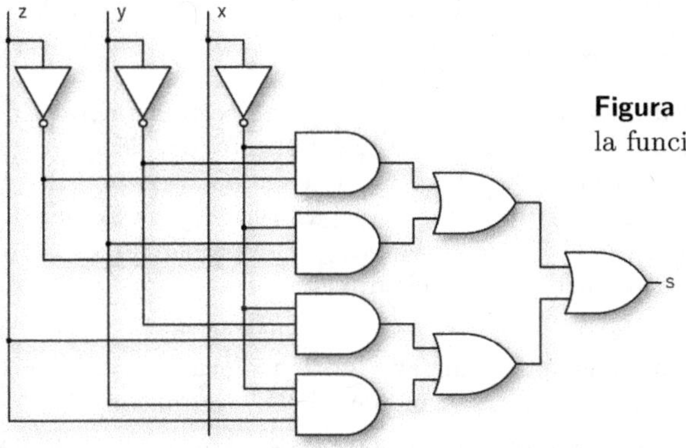

Figura 6.3 Esquema SOP de la función $C = \{0, 2, 4, 6\}$.

En cuanto a la forma canónica POS, se obtiene a partir del conjunto complementario $\overline{C} = \{1, 3, 5, 7\}$, esto es, $f(\mathsf{z}, \mathsf{y}, \mathsf{x}) = (\overline{\mathsf{z}} + \overline{\mathsf{y}} + \overline{\mathsf{x}}) \cdot (\overline{\mathsf{z}} + \mathsf{y} + \overline{\mathsf{x}}) \cdot (\mathsf{z} + \overline{\mathsf{y}} + \overline{\mathsf{x}}) \cdot (\mathsf{z} + \mathsf{y} + \overline{\mathsf{x}})$, cuyo esquema es el siguiente:

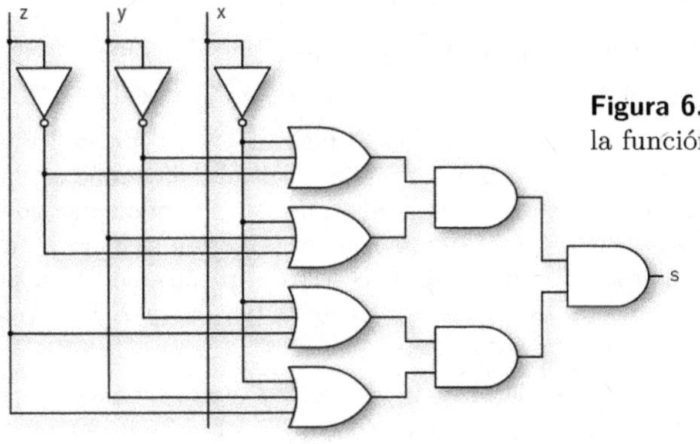

Figura 6.4 Esquema POS de la función $C = \{0, 2, 4, 6\}$.

No obstante, el ojo atento del diseñador avisado advierte que el literal $\overline{x}$ es un factor común en todos los términos canónicos, tanto de la expresión algebraica SOP como POS. Tomemos la primera y manipulémosla con sagacidad:

$f(z, y, x) = \overline{z} \cdot \overline{y} \cdot \overline{x} + \overline{z} \cdot y \cdot \overline{x} + z \cdot \overline{y} \cdot \overline{x} + z \cdot y \cdot \overline{x} \equiv \overline{x} \cdot (\overline{z} \cdot \overline{y} + \overline{z} \cdot y + z \cdot \overline{y} + z \cdot y)$

Lo que observamos es que dentro del paréntesis también se puede sacar factor común a algunos literales: $f(z, y, x) \equiv \overline{x} \cdot \left(\overline{z} \cdot \cancel{(\overline{y} + y)} + z \cdot \cancel{(\overline{y} + y)}\right) \equiv \overline{x} \cdot \cancel{(\overline{z} + z)} \equiv \overline{x}$

En definitiva, la función sólo depende del literal $\overline{x}$, haciendo absolutamente inútiles los esquemas propuestos, que han de ser sustituidos por una sencilla puerta inversora. Así pues, la síntesis óptima, tanto en área como en retardo, queda: $f(z, y, x) = \overline{x}$

El ejemplo precedente es elocuente en cuanto a la necesidad de optimizar las funciones lógicas, buscando alcanzar una síntesis (y una implementación) lo más eficiente posible. Dicha eficiencia puede ser espacial o temporal. En el primer caso, la simplificación tiene como objetivo reducir el número de puertas lógicas y conexiones del circuito, para disminuir el área de semiconductor y el consumo. En el segundo caso, la simplificación persigue reducir el retardo de propagación, esto es, acortar la longitud del camino crítico con el fin de aumentar la frecuencia de operación del diseño. Ambos enfoques pueden ser divergentes, pues mejorar el comportamiento temporal, muchas veces empeora el espacial, o viceversa.

Como vamos a explicar en las secciones siguientes, la simplificación se puede abordar mediante métodos algebraicos o mediante métodos sistemáticos.

6.2.1 Simplificación algebraica

Consiste en utilizar las leyes del álgebra de Boole para simplificar la expresión lógica a sintetizar. No existe un procedimiento estándar, sino que es una tarea propiamente heurística, que descansa totalmente en la experiencia del diseñador.

Por dar alguna pauta, suponiendo que partimos de una fórmula SOP, buscaremos factores comunes con el fin de factorizar y comprobar si se nos cancelan algunos términos, tal y como hicimos en el ejemplo previo.

Ejemplo 6.15 La tabla de verdad de una determinada función lógica de 3 variables es $C = \{1, 3, 7\}$. Obtengamos su síntesis en forma canónica SOP y optimicemos.

Solución La forma SOP se corresponde con los minterms especificados por el conjunto C:

$f(z, y, x) = \overline{z} \cdot \overline{y} \cdot x + \overline{z} \cdot y \cdot x + z \cdot y \cdot x$

Podemos sacar factor común al producto $y \cdot x$:

$f(z, y, x) = \overline{z} \cdot \overline{y} \cdot x + y \cdot x \cdot \cancel{(z + \overline{z})} \equiv x \cdot (y + \overline{z} \cdot \overline{y})$

Veamos qué sucede si multiplicamos el literal y por $(1 + \overline{z})$:

$f(z, y, x) = x \cdot (y \cdot (1 + \overline{z}) + \overline{z} \cdot \overline{y}) \equiv x \cdot (y + \cancel{y} \cdot \overline{z} + \overline{z} \cdot \cancel{\overline{y}}) \equiv x \cdot (y + \overline{z})$

La forma SOP requiere de 2 inversores, 3 puertas OR de *fan-in* 3 y una puerta AND, también de *fan-in* 3, es decir, 6 puertas. La longitud del camino crítico es de 3 niveles de puertas contando con los inversores. Todo esto, suponiendo que disponemos de puertas de *fan-in* 3, porque en caso contrario, serían necesarias más puertas. En cambio, la versión simplificada sólo necesita de un inversor, una puerta OR y una AND, ambas de 2 entradas, es decir, 3 puertas de *fan-in* 2. La longitud del camino crítico sigue siendo de 3 niveles.

Sin embargo, no está dicha la última palabra. Por una parte, sabemos que la suma de productos se puede sustituir por una red NAND (cf. 4.3) y, por otra parte, sabemos que la implementación de las universales tiene menos bloques de conmutación que las sumas y los productos. Veamos pues una solución basada en NAND:

$f(z,y,x) = x \cdot y + x \cdot \overline{z} \equiv \overline{\overline{x \cdot y} \cdot \overline{x \cdot \overline{z}}}$

Ahora necesitamos un inversor y 3 puertas NAND de *fan-in* 2. La longitud del camino crítico es de 3 niveles. Desde el punto de vista lógico no hay gran diferencia, sin embargo, si observamos el diseño desde el punto de vista de la implementación, las cosas han mejorado en área y en retardo de propagación.

Como vemos, la simplificación algebraica no es un método sistemático, de manera que los resultados dependen en gran medida de la pericia del diseñador, de los postulados utilizados y de su orden de aplicación. Por eso se hace necesario disponer de otros métodos más eficientes.

6.2.2 Simplificación mediante mapas de Karnaugh

Se trata de un método sistemático, basado en la representación gráfica de las tablas de verdad mediante los denominados *mapas de Karnaugh*[2].

Un mapa de Karnaugh consiste en un cuadrícula en la que cada celda representa un término canónico. Estos cuadros están distribuidos de tal modo que cualquier pareja contigua corresponde a *términos canónicos adyacentes*, entendiendo por adyacentes aquellos cuyos respectivos identificadores binarios sólo difieren entre sí en un único bit. Démonos cuenta de que los adyacentes son aquellos a los que se les puede aplicar la propiedad distributiva para simplificar una variable.

Ejemplo 6.16 Sean los identificadores de minterm (001) y (101) correspondientes a una función de 3 variables $f(x,y,z)$. Demostremos que son adyacentes porque se les puede aplicar la propiedad distributiva respecto de alguna variable,

Solución Los identificadores sólo difieren en el bit de mayor peso y cada uno corresponde a los minterms $(001) \rightarrow \overline{x} \cdot \overline{y} \cdot z$ y $(101) \rightarrow x \cdot \overline{y} \cdot z$.

Si ambos formaran parte de la síntesis de la función $f(x,y,z)$ tendríamos:

$\overline{x} \cdot \overline{y} \cdot z + x \cdot \overline{y} \cdot z \equiv \cancel{(\overline{x}+x)} \cdot \overline{y} \cdot z \equiv \overline{y} \cdot z.$

Comprobamos que los términos adyacentes se agrupan simplificando la síntesis.

La figura siguiente muestra los mapas de Karnaugh para 2, 3 y 4 variables.

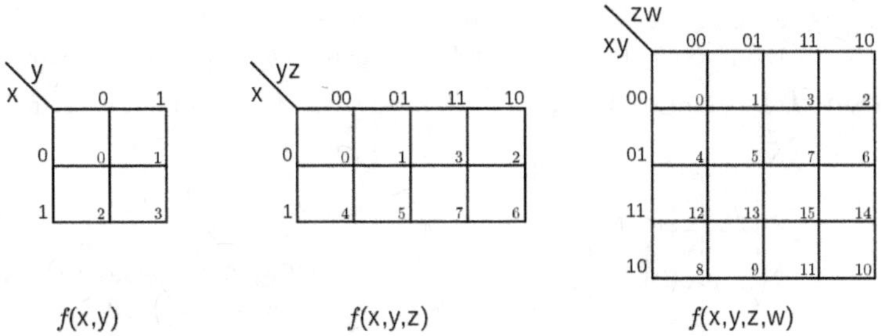

Figura 6.5 Mapas de Karnaugh para 2, 3 y 4 variables.

En la esquina inferior derecha de cada cuadro se ha indicado el identificador decimal de los términos canónicos. Nótese que el orden no es el numérico, sino el de

[2] Maurice Karnaugh (1924 – 2022) fue un físico, matemático e ingeniero de telecomunicaciones estadounidense que trabajó en los Laboratorios Bell y en IBM.

términos canónicos adyacentes, como hemos explicado anteriormente[3]. En los mapas de 3 y 4 variables se verifica que los cuadros en los extremos opuestos de una misma fila o columna también representan términos canónicos adyacentes.

El procedimiento de simplificación consta de los siguientes pasos:

- se traslada la tabla de verdad al mapa de Karnaugh, escribiendo los valores de salida a 1, si se desea trabajar con minterms, o los 0, si es con maxterms
- se agrupan los unos (o los ceros) trasladados en conjuntos de términos adyacentes lo más grandes posible conteniendo siempre un número de elementos potencia de 2 (1, 2, 4, 8, etc.); cada celda de un grupo tiene que ser adyacente a una o más celdas del mismo grupo, pero no todas las celdas del grupo tienen que ser adyacentes entre sí; cada uno (o cero) ha de pertenecer al menos a un grupo, aunque puede pertenecer a varios
- cada grupo es un término simplificado en el que se toman sólo los literales que no cambian en todo el grupo, como negados si corresponden a un bit 0 (1 si son maxterms) o tal cual si corresponden a un bit 1 (0 si son maxterms)

La figura siguiente muestra diversos grupos de 2, 4 y 8 términos sobre mapas de 4 variables con indicación de los términos simplificados que representan.

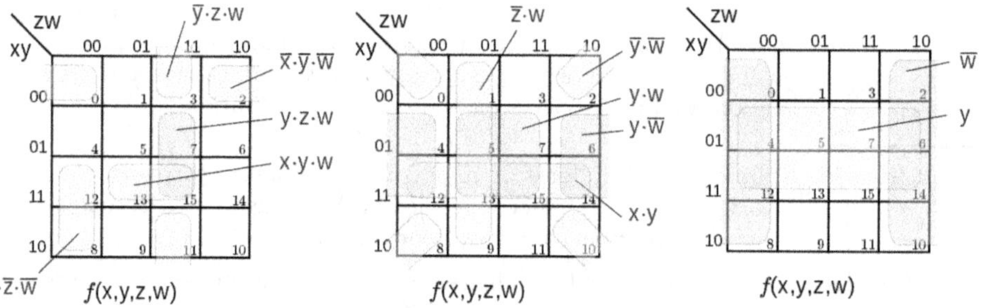

Figura 6.6 Ejemplos de posibles grupos en mapas de Karnaugh 4 variables.

En general, si la función tiene n variables, se pueden formar grupos de tamaños 2^m con $m \in [0, n-1]$. Si el grupo tiene 2^n elementos, entonces la función es igual a 1 (0, si operamos con maxterms). Un grupo de 2^m celdas produce un término simplificado de $n - m$ variables.

Ejemplo 6.17 Sea una función de 4 variables cuya tabla de verdad en forma compacta es $C = \{1, 3, 7, 8, 11, 13, 15\}$. Simplifiquémosla en su forma SOP mediante Karnaugh.

Solución Trasladamos al mapa la tabla de verdad y agrupamos términos adyacentes:

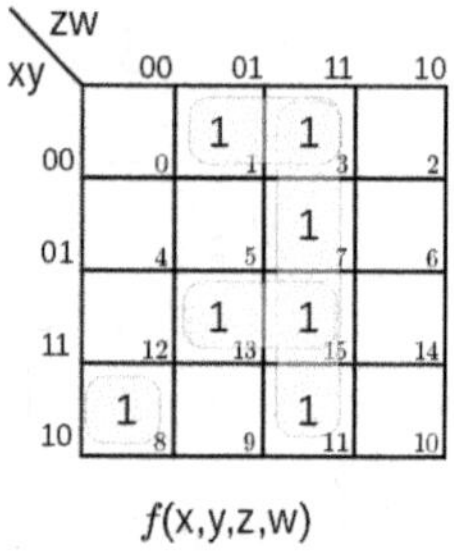

Figura 6.7 Mapa de Karnaugh para $C = \{1, 3, 7, 8, 11, 13, 15\}$.

La solución es $f(x, y, z, w) = x \cdot \overline{y} \cdot \overline{z} \cdot \overline{w} + \overline{x} \cdot \overline{y} \cdot w + x \cdot y \cdot w + z \cdot w$

[3] El intercambio de la combinación 01 por la 10 también sería correcto.

Hasta aquí llega la simplificación por Karnaugh, pero aún podemos ir más lejos gracias a la manipulación algebraica: $f(\mathsf{x},\mathsf{y},\mathsf{z},\mathsf{w}) = \mathsf{x}\cdot\overline{\mathsf{y}}\cdot\overline{\mathsf{z}}\cdot\overline{\mathsf{w}} + (\overline{\mathsf{x}}\cdot\overline{\mathsf{y}}+\mathsf{x}\cdot\mathsf{y})\cdot\mathsf{w}+\mathsf{z}\cdot\mathsf{w}$

Esto es: $f(\mathsf{x},\mathsf{y},\mathsf{z},\mathsf{w}) = \mathsf{x}\cdot\overline{\mathsf{y}}\cdot\overline{\mathsf{z}}\cdot\overline{\mathsf{w}} + (\overline{\mathsf{x}\oplus\mathsf{y}}+\mathsf{z})\cdot\mathsf{w}$

La figura siguiente muestra el circuito correspondiente, asumiendo que disponemos de puertas con el *fan-in* necesario.

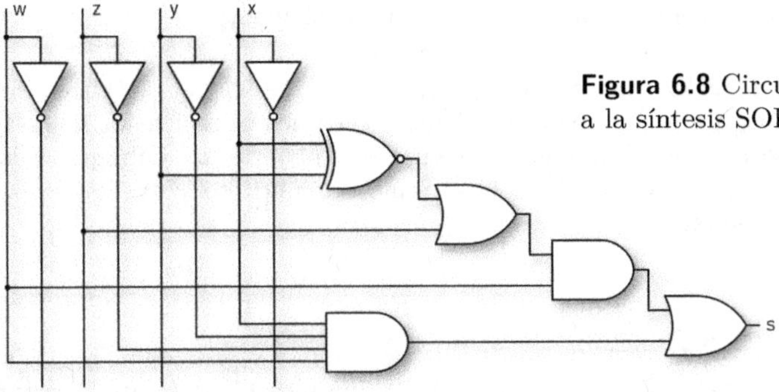

Figura 6.8 Circuito correspondiente a la síntesis SOP.

Se requieren 5 puertas y 2 inversores (los otros 2 no se usan). El camino crítico tiene una longitud de 4 niveles lógicos, ya que el camino más largo no pasa por inversores.

Ejemplo 6.18 Simplifiquemos mediante Karnaugh la misma tabla de verdad del ejemplo anterior, pero ahora en su forma POS.

Solución Trasladamos la tabla y agrupamos términos adyacentes:

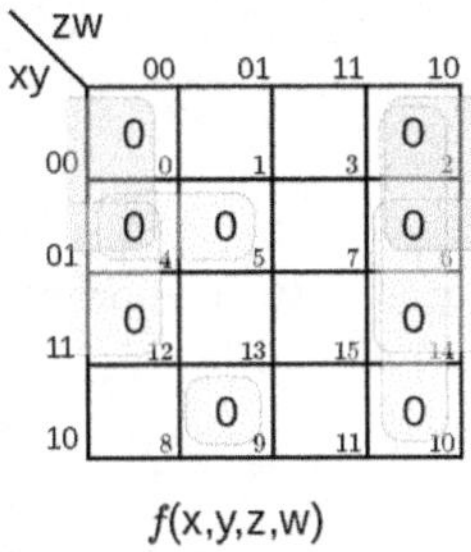

Figura 6.9 Mapa de Karnaugh para $\overline{C} = \{0,2,4,5,6,9,10,12,14\}$.

La solución es $f(\mathsf{x},\mathsf{y},\mathsf{z},\mathsf{w}) = (\overline{\mathsf{x}}+\mathsf{y}+\mathsf{z}+\overline{\mathsf{w}})\cdot(\mathsf{x}+\overline{\mathsf{y}}+\mathsf{z})\cdot(\mathsf{x}+\mathsf{w})\cdot(\overline{\mathsf{y}}+\mathsf{w})\cdot(\overline{\mathsf{z}}+\mathsf{w})$

Y con un poco de álgebra: $f(\mathsf{x},\mathsf{y},\mathsf{z},\mathsf{w}) = (\overline{\mathsf{x}}+\mathsf{y}+\mathsf{z}+\overline{\mathsf{w}})\cdot(\mathsf{x}+\overline{\mathsf{y}}+\mathsf{z})\cdot(\mathsf{x}\cdot\overline{\mathsf{y}}\cdot\overline{\mathsf{z}}+\mathsf{w})$

La figura siguiente muestra el esquema para la síntesis obtenida, asumiendo que disponemos de puertas con el *fan-in* necesario.

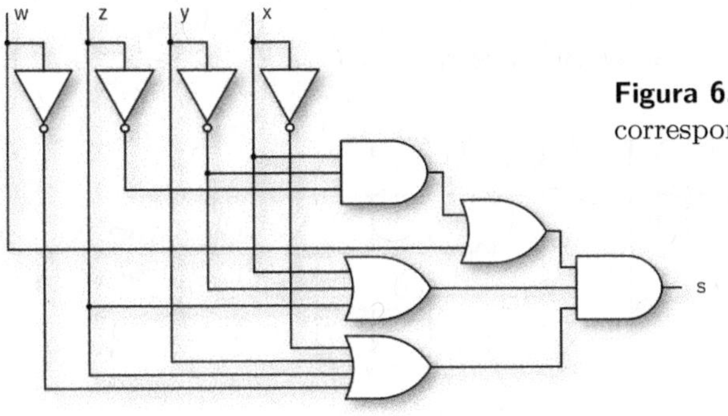

Figura 6.10 Circuito correspondiente a la síntesis POS.

Se requieren 5 puertas más 4 inversores. El camino crítico tiene una longitud de 4 niveles lógicos. En cualquier caso, para determinar con exactitud cual de los dos diseños es mejor, hay que contar con la implementación.

Como vemos en los ejemplos, algunos de los miembros de un grupo pueden pertenecer a otro siempre que el resto sean exclusivos de ese grupo. Ahora bien, cuando todos los miembros de un grupo también pertenecen a otros, ese grupo es redundante y no debe ser incluido. Veamos el ejemplo siguiente:

Ejemplo 6.19 Sea el mapa de Karnaugh $C = \{0, 2, 3, 7, 8, 10, 11, 13, 15\}$ cuyos posibles grupos se han dibujado a continuación. Como vemos, los minterms $2, 3, 10, 11$ están cubiertos por 3 grupos: uno los reúne a los cuatro y otros dos los cubren parcialmente. Veamos qué función sale añadiendo el término del cuarteto y sin añadirlo, y si la primera solución se reduce a la segunda.

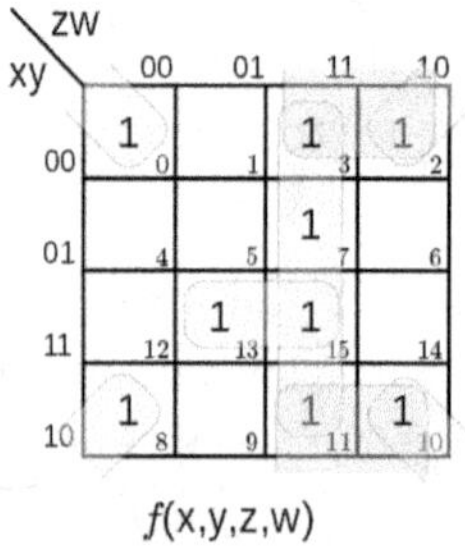

Figura 6.11 Mapa de Karnaugh para $C = \{0, 2, 3, 7, 8, 10, 11, 13, 15\}$.

Solución Si incluimos el término del cuarteto $(\overline{z} \cdot w)$, tenemos:

$f(x, y, z, w) = x \cdot y \cdot z + \overline{x} \cdot \overline{z} + x \cdot w + \overline{z} \cdot w$

Mientras que si no lo incluimos, nos queda una ecuación más sencilla:

$f(x, y, z, w) = x \cdot y \cdot z + \overline{x} \cdot \overline{z} + x \cdot w$

La cuestión es si se verifica o no la identidad $\overline{x} \cdot \overline{z} + x \cdot w + \overline{z} \cdot w \equiv \overline{x} \cdot \overline{z} + x \cdot w$, que contiene los términos de los grupos de 4 elementos. Para comprobarlo, pasemos la ecuación a forma canónica y operemos:

$\overline{x} \cdot \overline{z} \cdot (w + \overline{w}) + x \cdot w \cdot (z + \overline{z}) + \overline{z} \cdot w \cdot (x + \overline{x}) \equiv \overline{x} \cdot \overline{z} \cdot w + \overline{x} \cdot \overline{z} \cdot \overline{w} + x \cdot z \cdot w + x \cdot \overline{z} \cdot w + \cancel{x \cdot \overline{z} \cdot w} + \cancel{\overline{x} \cdot \overline{z} \cdot w} \equiv \overline{x} \cdot \overline{z} \cdot \cancel{(w + \overline{w})} + x \cdot w \cdot \cancel{(z + \overline{z})} \equiv \overline{x} \cdot \overline{z} + x \cdot w$

Lo cual demuestra que la identidad se cumple y que el término es redundante.

En ocasiones, los minterms del mapa de Karnaugh se pueden cubrir por diferentes combinaciones de grupos del mismo tamaño. En ese caso, habrá que seleccionar cualquier combinación sin redundancias, sabiendo que las diferentes soluciones son todas válidas. Veamos un ejemplo:

Ejemplo 6.20 Sean dos coberturas del mapa de Karnaugh para $C = \{4, 5, 6, 13, 14, 15\}$:

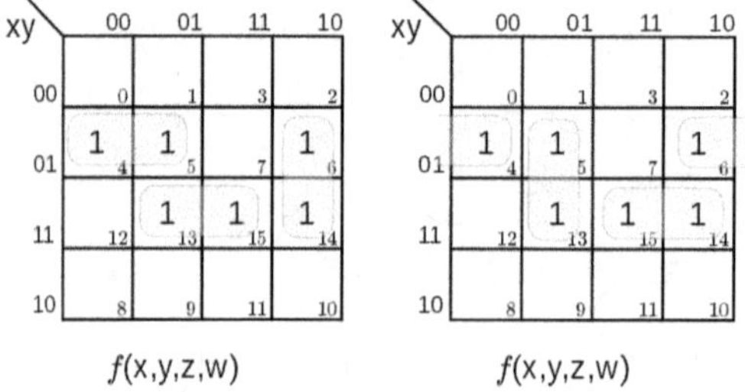

Figura 6.12 Dos coberturas del mapa para $C = \{4, 5, 6, 13, 14, 15\}$.

¿Cuáles son sus funciones correspondientes?

Solución El mapa de la izquierda produce la solución: $f(\mathsf{x},\mathsf{y},\mathsf{z},\mathsf{w}) = \mathsf{x}\cdot\mathsf{y}\cdot\mathsf{z}+\overline{\mathsf{x}}\cdot\mathsf{z}\cdot\mathsf{w}+\overline{\mathsf{y}}\cdot\mathsf{z}\cdot\overline{\mathsf{w}}$.

Mientras que el mapa de la derecha produce: $f(\mathsf{x},\mathsf{y},\mathsf{z},\mathsf{w}) = \mathsf{y}\cdot\mathsf{z}\cdot\mathsf{w}+\mathsf{x}\cdot\mathsf{z}\cdot\overline{\mathsf{w}}+\overline{\mathsf{x}}\cdot\overline{\mathsf{y}}\cdot\mathsf{z}$.

Una solución es imagen de la otra si intercambiamos la señal x por la w. La conversión a función canónica de cada una de ellas nos desvelará que son idénticas.

A continuación, se presentan los mapas de Karnaugh para 5 y 6 variables.

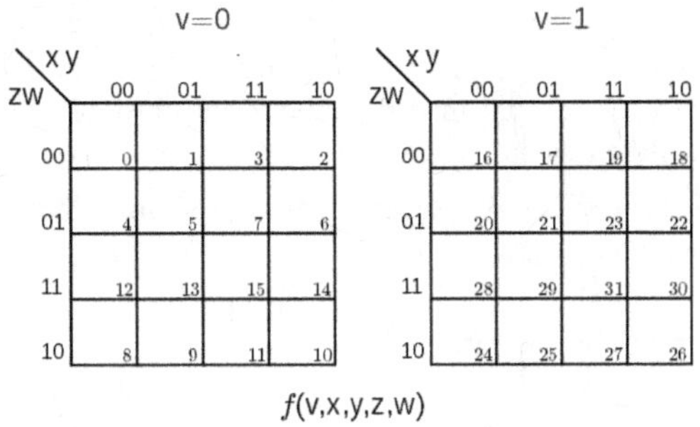

Figura 6.13 Mapas de Karnaugh para 5 variables.

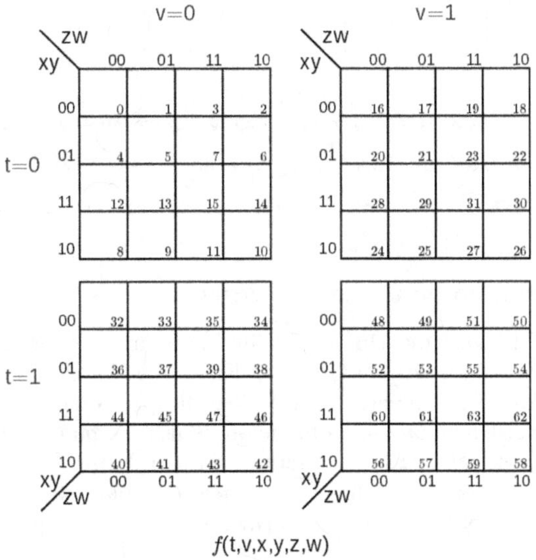

Figura 6.14 Mapas de Karnaugh para 6 variables.

Evidentemente, aunque ahora el proceso es más proclive al error, la idea es la misma: la expresión simplificada se obtiene agrupando de forma adecuada las celdas del mapa.

6.2.3 Simplificación de funciones incompletas

Tal y como se anunció previamente (cf. 6.1.5), existen funciones en las que algunos valores de salida pueden ser indistintamente 0 o 1. Esto puede suceder bien porque dichas combinaciones no vayan a darse nunca en la práctica, o bien porque sean indiferentes para el diseño. En cualquier caso, ciertamente, estos casos, reunidos en el conjunto D, pueden aprovecharse para simplificar la función.

El lector ya se habrá dado cuenta de que cuantas más salidas estén a 1 en un formato SOP (o a 0 en un formato POS), más probable es encontrar una representación sencilla de la función, dado que es más factible agrupar los términos en conjuntos grandes. Según esto, podemos incorporar aquellas salidas indiferentes que nos convenga al conjunto C de minterms (o al $\overline{C}$ de maxterms), favoreciendo la simplificación.

Así pues, se colocan x en los cuadros del mapa de Karnaugh correspondientes a las salidas indeterminadas, de manera que tomaremos la x como 1 cuando permitan formar grupos mas grandes que si fueran 0, a fin de fomentar la optimización.

Ejemplo 6.21 Sea una función de 4 variables cuya tabla de verdad viene dada por $C = \{3, 6, 9\}$ y cuenta con un conjunto de salidas indiferentes $D = \{10, 11, 12, 13, 14, 15\}$. Simplifiquémosla en su forma SOP.

Solución Trasladamos la tabla y agrupamos términos adyacentes incluyendo los indiferentes que nos convenga:

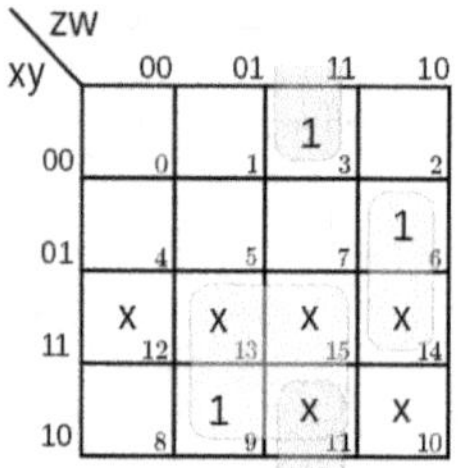

f(x,y,z,w)

Figura 6.15 Mapa para $C = \{3, 6, 9\}$ y $D = \{10, 11, 12, 13, 14, 15\}$.

La solución es $f(\mathsf{x}, \mathsf{y}, \mathsf{z}, \mathsf{w}) = \mathsf{x} \cdot \mathsf{w} + \overline{\mathsf{y}} \cdot \mathsf{z} \cdot \mathsf{w} + \mathsf{y} \cdot \mathsf{z} \cdot \overline{\mathsf{w}}$

Ahora bien, un poco de álgebra nos da:

$f(\mathsf{x}, \mathsf{y}, \mathsf{z}, \mathsf{w}) = \mathsf{x} \cdot \mathsf{w} + \mathsf{z} \cdot (\overline{\mathsf{y}} \cdot \mathsf{w} + \mathsf{y} \cdot \overline{\mathsf{w}}) \equiv \mathsf{x} \cdot \mathsf{w} + \mathsf{z} \cdot (\mathsf{y} \oplus \mathsf{w})$

6.2.4 Algoritmo de Quine–McCluskey

El algoritmo Quine–McCluskey es un método de simplificación desarrollado por Willard Van Orman Quine[4] y Edward J. McCluskey[5] en la década de los 50 del siglo pasado. Equivalente al método gráfico de Karnaugh, pero programable, garantiza de forma determinista la obtención de la mínima expresión de una función booleana. Su carácter tabular lo hace idóneo para trabajar con cualquier número de variables[6].

El algoritmo utiliza una notación propia, que enumeramos seguidamente asumiendo que operamos con minterms.

- celda distinguida: la que contiene un 1 que sólo está cubierto por un implicante primo (grupo)
- implicante: término producto que hace que la función valga uno (si tuviera todos los literales, sería un minterm)
- implicante primo: aquel que no puede crecer más porque no se puede unir a otro adyacente

---

[4] Willard Van Orman Quine (1908 – 2000) fue un filósofo estadounidense profesor de lógica y teoría de conjuntos.

[5] Edward J. McCluskey (1929 – 2016) fue un ingeniero estadounidense que trabajó en sistemas de conmutación electrónica.

[6] La complejidad temporal del algoritmo Quine-McCluskey es exponencial con el número de variables n, concretamente $\mathcal{O}(3^n/\sqrt{n})$. Existen métodos heurísticos para valores grandes de n.

- implicante primo esencial: aquel que contiene al menos una celda distinguida
- implicante primo esencial secundario: aquel que pasa a ser esencial tras eliminar los implicantes primos esenciales

El algoritmo se desarrolla según estos pasos:

1. se determinan todos los implicantes primos asociados a la función y se añaden a una tabla
2. se identifican todos los implicantes primos esenciales, que pasan a formar parte de la solución (suma mínima si trabajamos con minterms) y se eliminan de la tabla
3. se identifican todos los implicantes primos esenciales secundarios y se incluyen en la solución (suma mínima si trabajamos con minterms)

Con el fin de describir de una manera precisa el algoritmo de Quine–McCluskey se incluye el siguiente ejemplo, si bien, en lugar de utilizar la estrucura tabular que le es propia, usaremos la gráfica de los mapas de Karnaugh.

Ejemplo 6.22 Sea una función de 4 variables cuya tabla de verdad viene dada por el conjunto de minterms $C = \{1, 5, 7, 10, 14, 15\}$. Veamos cómo se desarrolla el algoritmo.

Solución El método comienza con el descubrimiento de todos los implicantes primos. Luego se marcan todas las celdas distiguidas, todo lo cual se refleja en el mapa de la izquierda. Las celdas distinguidas (minterms 1 y 10) son las que identifican los implicantes primos esenciales, que pasan a formar parte de la solución ($f(\mathsf{x,y,z,w}) = \overline{\mathsf{x}}\cdot\overline{\mathsf{z}}\cdot\mathsf{w}+\mathsf{x}\cdot\mathsf{z}\cdot\overline{\mathsf{w}}$) y se eliminan de la tabla (en nuestro caso del mapa).

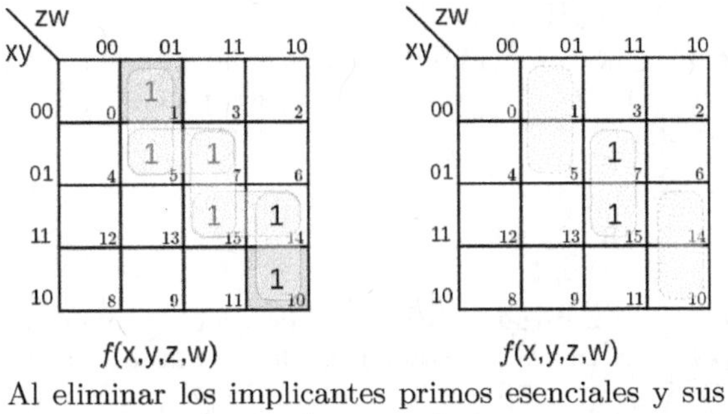

Figura 6.16 Evolución del mapa para $C = \{1, 5, 7, 10, 14, 15\}$ según Quine–McCluskey.

Al eliminar los implicantes primos esenciales y sus minterms nos quedan los implicantes primos esenciales secundarios, en nuestro caso $\mathsf{y}\cdot\mathsf{z}\cdot\mathsf{w}$, que se añade a la suma de productos obtenida en el paso anterior. En definitiva, la solución completa en este caso queda:

$f(\mathsf{x,y,z,w}) = \overline{\mathsf{x}}\cdot\overline{\mathsf{z}}\cdot\mathsf{w}+\mathsf{x}\cdot\mathsf{z}\cdot\overline{\mathsf{w}}+\mathsf{y}\cdot\mathsf{z}\cdot\mathsf{w}$

Problemas propuestos

6.1 Disponemos de una caja negra con 8 entradas y una salida que realiza una función lógica. El análisis de la misma revela que la salida sólo se pone a 1 cuando todas las entradas son 0. Proponga la especificación en forma de tabla de verdad y en forma algebraica booleana.

6.2 El análisis de un circuito lógico de tres entradas y una salida nos indica que la salida se pone a 1 cuando las entradas son iguales. ¿Qué especificación le corresponde?

6.3 Analice la función lógica de la figura siguiente. **Solución:** $(x \cdot y + z) \oplus w$.

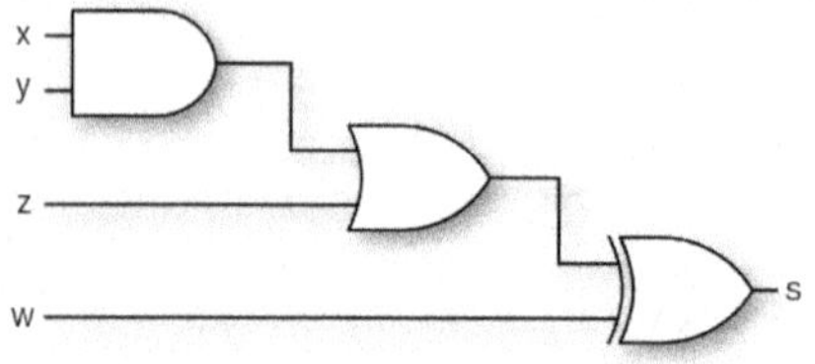

Figura 6.17 Propuesta de función lógica.

6.4 Sea una caja negra con 2 entradas y 2 salidas. Del análisis de dicha caja se observa que una de las salidas ofrece la suma módulo-2 mientras que la otra corresponde al acarreo de dicha suma. Escriba la especificación en forma de tablas de verdad y en forma de ecuaciones lógicas.

6.5 Determine la función canónica disyuntiva correspondiente a la siguiente tabla de verdad. **Solución:** $f(x_{2,3}) = (\overline{x}_2 \cdot \overline{x}_1 \cdot \overline{x}_0) + (\overline{x}_2 \cdot x_1 \cdot \overline{x}_0) + (\overline{x}_2 \cdot x_1 \cdot x_0) + (x_2 \cdot x_1 \cdot x_0)$.

x_2	x_1	x_0	s	x_2	x_1	x_0	s
0	0	0	1	1	0	0	0
0	0	1	0	1	0	1	0
0	1	0	1	1	1	0	0
0	1	1	1	1	1	1	1

6.6 Determine la función canónica conjuntiva correspondiente a la siguiente tabla de verdad. **Solución:** $f(x_{2,3}) = (x_2 + x_1 + \overline{x}_0) \cdot (\overline{x}_2 + x_1 + x_0) \cdot (\overline{x}_2 + x_1 + \overline{x}_0) \cdot (\overline{x}_2 + \overline{x}_1 + x_0)$.

x_2	x_1	x_0	s	x_2	x_1	x_0	s
0	0	0	1	1	0	0	0
0	0	1	0	1	0	1	0
0	1	0	1	1	1	0	0
0	1	1	1	1	1	1	1

6.7 Sea una función lógica de 2 variables x e y. El conjunto de minterms de la tabla de verdad es $C = \{0, 2\}$. Sintetice la función en sus dos formas canónicas (SOP y POS). **Solución:** Forma SOP $f(x, y) = \overline{x} \cdot \overline{y} + x \cdot \overline{y}$ y forma POS $f(x, y) = (x + \overline{y}) \cdot (\overline{x} \cdot \overline{y})$. Nótese que en realidad $f(x, y) = \overline{y}$.

6.8 Sea una función lógica de 2 variables x e y. El conjunto de minterms de la tabla de verdad es $C = \{0, 2\}$. Sintetice la función en alguna de sus formas negadas. **Solución:** Si tomamos cualquiera de las formas canónicas y aplicamos la triple acción (cf. 4.3) obtenemos las formas negadas: $f(x, y) = \overline{(x + y) \cdot (\overline{x} + y)}$ y $f(x, y) = \overline{\overline{x} \cdot y + x \cdot y}$. Evidentemente, se puede comprobar que $f(x, y) = \overline{y}$.

6.9 Sea una función lógica de 3 variables x, y y z. El conjunto de minterms de la tabla de verdad es $C = \{2, 3, 6\}$. Sintetice la función en sus dos formas canónicas (SOP y POS).

6.10 Sea una función lógica de 3 variables x, y y z. El conjunto de minterms de la tabla de verdad es $C = \{2, 3, 6\}$. Sintetice la función en una forma negada.

6.11 Sea una función lógica de 3 variables x, y y z. El conjunto de minterms de la tabla de verdad es $C = \{0, 3, 4, 6\}$. Sintetice la función en forma canónica disyuntiva. **Solución:** $(\overline{z} \cdot \overline{y} \cdot \overline{x}) + (\overline{z} \cdot y \cdot x) + (z \cdot \overline{y} \cdot \overline{x}) + (z \cdot y \cdot \overline{x})$.

6.12 Sea una función lógica de 3 variables x, y y z. El conjunto de minterms de la tabla de verdad es $C = \{0, 3, 4, 6\}$. Sintetice la función en forma canónica conjuntiva. **Solución:** $(z + y + \overline{x}) \cdot (z + \overline{y} + x) \cdot (\overline{z} + y + \overline{x}) \cdot (\overline{z} + \overline{y} + \overline{x})$.

6.13 Sea una función lógica de 4 variables dadas como un entero binario de 4 bits ($x_{2,4}$). El conjunto de minterms de la tabla de verdad es $C = \{1, 4, 12, 14\}$. Sintetice la función en forma canónica disyuntiva.

6.14 Sea una función lógica de 4 variables dadas como un entero binario de 4 bits ($x_{2,4}$). El conjunto de minterms de la tabla de verdad es $C = \{0, 9, 10, 15\}$. Sintetice la función en forma POS.

6.15 Calcule la forma canónica SOP de una puerta XNOR de 3 entradas.

6.16 Determine la forma canónica POS de una puerta XNOR de 3 entradas.

6.17 Calcule la forma canónica SOP de una puerta NAND de 4 entradas. **Solución:** La forma compacta de la tabla de verdad contiene todos los minterms posibles excepto el 15, esto es: $f(x, y, z, w) = \{0, 1, 2, 3, 4, 5, 6, 7, 8, 9, 10, 11, 12, 13, 14\}$.

6.18 Calcule la forma canónica SOP de una puerta NOR de 4 entradas. **Solución:** La forma compacta de la tabla de verdad contiene solamente un minterm: $f(x, y, z, w) = \{0\}$, esto es: $f(x, y, z, w) = \overline{x} \cdot \overline{y} \cdot \overline{z} \cdot \overline{w}$.

6.19 Calcule la forma canónica POS de una puerta NOR de 4 entradas. **Solución:** Sabemos que $f(x, y, z, w) = \{0\}$ y tenemos 2 posibles relaciones POS: $\overline{\prod_{C} M_i} \equiv \prod_{\overline{C}} M_i$. El lado izquierdo de la identidad no es canónico y se corresponde con la definición de la puerta $(\overline{x + y + z + w})$, mientras que el lado derecho sí lo es y contiene todos los maxterms menos el primero.

6.20 Analice una función lógica de 3 entradas cuya salida es 1 siempre que la combinación de entrada corresponda a un número impar, salvo para el 7, en cuyo caso resulta indiferente. Presente la especificación en forma de tabla de verdad. **Solución:** $f(x, y, z) = \{1,3,5\}$ y $X = \{7\}$.

6.21 Analice una función lógica de 4 entradas cuya salida es 1 siempre que la combinación de entrada esté entre el 0 y el 9 siendo el resto indiferentes. Presente la especificación en forma de tabla de verdad.

6.22 Obtenga la versión canónica SOP de la función lógica $f(x, y, z) = x \cdot y + x \cdot z$. **Solución:** $f(x, y, z) = x \cdot \overline{y} \cdot z + x \cdot y \cdot \overline{z} + x \cdot y \cdot z$.

6.23 Determine la versión canónica SOP de la función $f(x, y, z) = x + x \cdot y + x \cdot y \cdot z$.

6.24 ¿Cuál es la versión canónica POS de la función $f(x, y, z) = (x + y) \cdot (x + z)$?

6.25 Calcule la versión canónica POS de la función lógica de tres variables $f(x, y, z) = \overline{x} \cdot (x + y) \cdot (x + \overline{y} + z)$.

6.26 Demuestre que se verifica la identidad $f(x, y, z) = x + \overline{x} \cdot y \cdot z \equiv x + y \cdot z$. **Solución:** Podemos calcular las tablas de verdad o algebraicamente. En este último caso, convertimos a función canónica: $x \cdot (1 + y) \cdot (1 + z) + \overline{x} \cdot y \cdot z \equiv x + x \cdot y + x \cdot z + x \cdot y \cdot z + \overline{x} \cdot y \cdot z$, y factorizamos: $x \cdot \cancel{(1 + y + z)} + \cancel{(x + \overline{x})} \cdot y \cdot z \equiv x + y \cdot z$.

6.27 Realice la descomposición SOP de a función $f(x, y, z) = x \cdot (y + z)$ respecto a la variable y. Compruebe algebraicamente la veracidad del resultado.

6.28 Realice la descomposición POS de a función $f(x, y, z) = x \cdot (y + z)$ respecto a la variable x. Compruebe algebraicamente la veracidad del resultado.

6.29 Realice la descomposición SOP de a función $f(x, y, z) = x + y \cdot z$ respecto a la variable z. Compruebe algebraicamente la veracidad del resultado. **Solución:** $f(x, y, z) = z \cdot (x + y) + \overline{z} \cdot x \equiv x \cdot z + y \cdot z + x \cdot \overline{z} \equiv x \cdot (z + \overline{z}) + y \cdot z \equiv x + y \cdot z$.

6.30 La tabla de verdad de una función lógica de 3 variables es $C = \{1, 3, 5, 7\}$. Dibuje el esquema SOP de su síntesis.

6.31 La tabla de verdad de una función lógica de 3 variables es $C = \{0, 3, 5, 6\}$. Dibuje el esquema POS de su síntesis.

6.32 Realice la simplificación algebraica de la función lógica de 3 variables cuya tabla de verdad es $C = \{0, 4, 7\}$.

6.33 Realice la simplificación de la misma función del problema anterior mediante mapas de Karnaugh.

6.34 Realice la simplificación algebraica de la función lógica de 3 variables cuya tabla de verdad es $C = \{0, 1, 3, 5, 6\}$.

6.35 Realice la simplificación de la misma función del problema anterior mediante mapas de Karnaugh.

6.36 Sea la puerta XOR de 3 entradas. Determine su función en forma de producto de sumas a partir de su mapa de Karnaugh. **Solución:** x XOR y XOR $\mathsf{z} = (\mathsf{x}+\mathsf{y}+\mathsf{z}) \cdot (\mathsf{x}+\overline{\mathsf{y}}+\overline{\mathsf{z}}) \cdot (\overline{\mathsf{x}}+\mathsf{y}+\overline{\mathsf{z}}) \cdot (\overline{\mathsf{x}}+\overline{\mathsf{y}}+\mathsf{z})$.

6.37 Realice la simplificación mediante mapas de Karnaugh de la función lógica de 4 variables cuya tabla de verdad es $C = \{0, 1, 3, 5, 8, 10, 14\}$.

6.38 Realice la simplificación de la función lógica de 3 variables cuya tabla de verdad es $C = \{0, 1, 2, 7\}$.

6.39 Realice la simplificación de la función lógica de 4 variables cuya tabla de verdad es $C = \{2, 3, 4, 7, 8, 9, 10, 11, 13\}$.

6.40 Realice la simplificación de la función lógica de 4 variables cuya tabla de verdad es $C = \{2, 3, 4, 7, 8, 9, 10, 11, 13\}$.

6.41 Realice la simplificación de la función lógica de 4 variables cuya tabla de verdad es $C = \{0, 1, 5, 12, 13\}$. La función tiene el conjunto de condiciones indiferentes $D = \{2, 9, 10, 15\}$.

6.42 Realice la simplificación de la función lógica de 5 variables cuya tabla de verdad viene dada por el conjunto $C = \{2, 3, 6, 7, 9, 13, 19, 24, 25, 26, 28, 29, 30\}$.

Índice alfabético

Colección

Apuntes de Arquitectura de Computadores

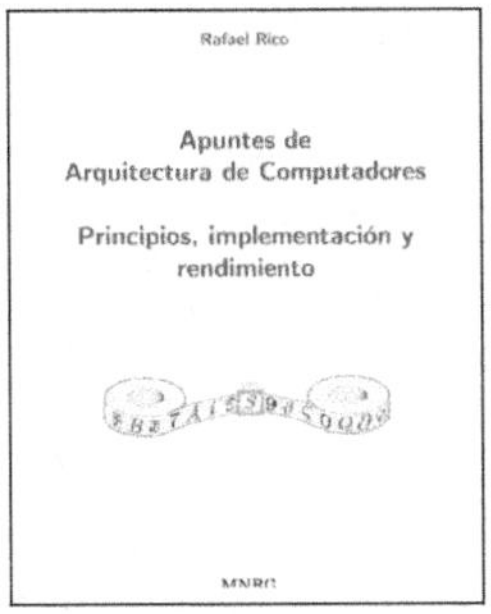

Comenzamos enmarcando el computador en la idea de máquina de Turing y definiendo la noción de complejidad y cómo cuantificarla. Se introduce la Arquitectura de Computadores y se presentan los niveles de descripción que permiten abordar sus fines. Se revisan las líneas maestras de la implementación de la mano de las familias lógicas, valorando los costes en tiempo y espacio, para terminar aprendiendo a evaluar el rendimiento.

Para que el computador procese información, esta ha de estructurarse de manera que permita su correcta interpretación y tratamiento. Partiendo de los métodos de representación en general, se particulariza a los del computador, cuya limitación de espacio les confiere características propias. En este volumen se exponen los sistemas de codificación para cada tipo de números utilizando un novedoso enfoque basado en operadores.

Un operador es un circuito digital que aplica una función a los datos de entrada para generar un resultado. Representan el núcleo de procesamiento y cada máquina incorpora una selección de ellos según sus especificaciones. La síntesis ha de garantizar la corrección, pero también indicar situaciones de desbordamiento, acarreo, etc. En este volumen se estudian los operadores de bit, los que actúan sobre el signo, y los de suma y resta de naturales.

Continuamos la presentación de los operadores que se encargan del procesamiento de la información. Se analizan los sumadores-restadores en diferentes sistemas de representación: enteros, números en cifras y reales en coma flotante. Seguidamente se ven los incrementadores y decrementadores, para terminar con los comparadores, tanto los que trabajan bit a bit como los que lo hacen por diferencia.

El tercer volumen describe la limitación de rendimiento asociada al sumador básico o RCA (*Rippel-Carry-Adder*), para pasar a continuación a revisar de manera exhaustiva las diferentes técnicas de aceleración de la suma entera que soslayan el problema. Finalmente, se estudian los multiplicadores, con y sin signo, y tanto los diseños combinacionales como secuenciales.

www.ingramcontent.com/pod-product-compliance
Lightning Source LLC
LaVergne TN
LVHW060547061126
851857LV00017B/1934